EUL VERLAG

Reihe: Economy and Labour · Band 15

Herausgegeben von EUR ING Prof. Dr.-Ing. Hans-Georg Nollau FBCS, Roßdorf

Prof. Dr.-Ing. Hans-Georg Nollau
Dipl.-Bw. (FH) Matthias Neumeier

# Logistikfallstudien und Risikomanagement

EUL VERLAG

**Bibliografische Information der Deutschen Nationalbibliothek**

Die Deutsche Nationalbibliothek verzeichnet diese Publikation in der Deutschen Nationalbibliografie; detaillierte bibliografische Daten sind im Internet über <http://dnb.d-nb.de> abrufbar.

ISBN 978-3-89936-903-8
1. Auflage März 2010



JOSEF EUL VERLAG GmbH
Brandsberg 6
53797 Lohmar
Tel.: 0 22 05 / 90 10 6-6
Fax: 0 22 05 / 90 10 6-88
http://www.eul-verlag.de
info@eul-verlag.de

**Bei der Herstellung unserer Bücher möchten wir die Umwelt schonen. Dieses Buch ist daher auf säurefreiem, 100% chlorfrei gebleichtem, alterungsbeständigem Papier nach DIN 6738 gedruckt.**

## Vorwort

Im vorliegenden 15. Band der *Schriftenreihe Economy and Labour* mit dem Titel *„Logistikfallstudien und Risikomanagement"* werden bekannte und bewährte aber auch neue und innovative Methoden und Vorgehensweisen unter besonderer Berücksichtigung von Risikoaspekten vorgestellt.
Bei den hier vorgestellten Verfahren als „universelle Methoden" steht das prinzipielle, methodische, mathematische Vorgehen zur Lösung logistischer Probleme im Vordergrund.

Die Herleitung der ANDLER-Formel verdeutlicht das prinzipielle Vorgehen zur Lösung des allgemeinen Problems konkurrierender Ziele hier Beschaffungskosten versus Lagerkosten. Bei Verringerung des Einen erfolgt eine Erhöhung des Anderen und umgekehrt und gesucht ist die „optimale Lösung", d.h. die mathematische Vorgehensweise zur Auffindung des gemeinsamen Minimums. In analoger Weise sind auch die weiteren Verfahren wie etwa die Simulation als Vorgehensweise zum Verständnis und Steuern des dynamischen Verhaltens von Prozessen zu verstehen. Diese Universalmethoden werden insbesondere zum besseren Verständnis an Fallbeispielen der betrieblichen, logistischen Praxis vorgestellt.

Meinen Studenten Alexander Kühnlein, Jan Siegel, Johannes Hötzl, Thomas Andorfer, Tobias Münch, Vanessa Joseph, Veronika Arndt, Kerstin Bartel, Markus Schlag, Sophie Böhm, Zvezdana Vukovic, Christian Hartmann, Markus Berger, Stefan Broschk, Stefan Drexler, Rainer Wolf, Daniel Heindl, Eva Zövel, Karilina Filipek, Klaus Silbernagel, Markus Anthofer, Silvia Sachsenhauser, Tanja Brandner, Barbara Weindl, Gertrud Wieser, Kerstin Reitlinger, Maria Drexler, Anke-Jasmin Scheiffele, Oliver Dorow, Thomas Melzer, Thomas Obermeier danke ich für die kreative Zusammenarbeit.

Insbesondere danken möchte ich Herrn Dipl.-Betrw. (FH) Matthias Neumeier für seine wertvolle Mitarbeit an diesem Buch. Für die komplette formale und inhaltliche Überarbeitung danke ich Herrn Dipl.-Math. Walter Nollau.

Roßdorf, im Januar 2010

Hans-Georg Nollau

**Inhaltsverzeichnis** **Seite**

**Abbildungsverzeichnis:**

**Tabellenverzeichnis:**

**Abkürzungsverzeichnis:**

| | |
|---|---|
| AMWHV: | Arzneimittel- und Wirkstoffherstellungsverordnung |
| ATP: | Accord relatif aux Transports internationaux de denrées Périssables et aux engines spéciaux à utiliser pour ces transports (deutsch: Abkommen bezüglich internationaler Transporte von b verderblichen Lebensmitteln und der speziellen Gerätschaften, die für diese Transporte einzusetzen sind ) |
| BDE: | Betriebsdatenerfassung |
| BWL: | Betriebswirtschaftslehre |
| CNC: | Computerized Numerical Control (Numerische Steuerung einer Werkzeugmaschine) |
| CMR: | Convention relative au contrat de transport international de marchandise par route (Vereinbarung über den Vertrag für internationale Warentransporte auf Straßen) |
| CRP: | Continuous Replenishment Program |
| CVRP: | Capacitated Vehicle Routing Problem |
| DIN: | Deutsche Industrienorm |
| EN: | Europäische Norm |
| FMEA: | Fehlermöglichkeits- und Einfluß- Analyse |
| FMECA: | Failure Mode Effects and Critical Analysis |
| FTS: | Führerloses Transport-System |
| GPS: | Global Positioning System |
| HACCP: | Hazard Analysis and Critical Control Points |
| HGB: | Handelsgesetzbuch |
| HTML: | Hyper Text Markup Language |
| IDW: | Institut der Wirtschaftsprüfer in Deutschland |
| IH: | Instandhaltung |
| IT: | Informations-Technologie |
| JIS: | Just In Sequence |

| | |
|---|---|
| JIT: | Just In Time |
| KGVL: | Kundenorientierte Ganzheitliche Vernetzte Logistik |
| KVP: | Kontinuierlicher Verbesserungsprozeß |
| LLP: | Lead Logistics Provider |
| LSA: | Logistic Support Analysis |
| MDVRP: | Many Depot Vehicle Routing Problem |
| MTBF: | Mean Time Between Failure |
| MTTF: | Mean Time To Failure |
| OEE: | Overall Equipment Effectiveness |
| ÖPNV: | Öffentlicher PersonenNahVerkehr |
| QM: | QualitätsManagement |
| RPZ: | Risiko-Prioritäts-Zahl |
| SCM: | Supply Chain Management |
| SDVRP: | Split Delivery Vehicle Routing Problem |
| TEEP: | Total Effective Equipment Productivity |
| TPM: | Total Productive Maintenance |
| TSP: | Traveling Salesman Problem |
| TÜV: | Technischer Überwachungsverein |
| VDA: | Verband der Automobilindustrie |
| VRP: | Vehicle Routing Problem |
| VRPDP: | VRP with Delivery and Pickup |
| VRPTW: | VRP with Time Window |
| 3PLP: | Third Party Logistics Provider |
| 4PLP: | Fouth Party Logistics Provider |

# 1 Einleitung

Die ständige Veränderung der Welt, in der wir leben, erzwingen auch im Bereich der Wirtschaft ständige Erneuerungsprozesse (s. [NG09], S. 11 ff.). Aus logistischer Sicht spielen dabei die Bereiche Technik, EDV, Organisation und der Mensch eine bedeutsame Rolle. Insbesondere der Mensch in der Logistik hat eine besondere Bedeutung, denn er ist das einzig „aktive“ Element.
Für eine nähere Betrachtung des Wirkens und Handelns der Menschen insbesondere der Führungskräfte wollen wir in diesem Zusammenhang drei Zitate anbringen:

> JAKOBI ( [Jak04] , S. 7 ff. )
>
> Leider sind jedoch viele Firmen schon so marode, daß die Zeit nicht mehr ausreicht, Innovatives zu entwickeln und auch auf den Markt zu bringen. Hier rächen sich in besonders tragischer Weise die Fehler der sogenannten Führungskräfte, die weder fachliche noch soziale Kompetenz besitzen, mit Mitarbeitern umzugehen, geschweige denn diese zu führen – sofern jene überhaupt Führung brauchen.

> DUECK ( [Due] )
>
> Manager sind heute wegen der Krise verhasst, als deren Urheber sie gelten. Dabei ist ja nur die Wirtschaft zusammengebrochen, die Gehälter sind aber doch gestiegen. Wo ist also das Problem?

> TALEB ( [Ta08] )
>
> My outrage is aimed at the scientist-charlatan putting society at risk using statistical methods. Alas, this category of blind users includes regulators and risk managers, whom I accuse of creating more risk than they reduce.

Im vorliegenden Buch werden an Fallbeispielen aus der betrieblichen Praxis quantitative Methoden, Verfahren und Vorgehensweisen unter besonderer Berücksichtigung von Risikoaspekten vorgestellt.

Es werden dabei sowohl bekannte und bewährte Methoden und Verfahren, wie z.B. die ABC-Analyse und die ANDLER-Formel als auch neue und innovative Verfahren, wie Genetische Algorithmen, Struktogramme und weitere Verfahren vorgestellt und erläutert.

Diese Werkzeuge ermöglichen dem professionellen Logistiker nachhaltige Lösungen für betriebliche Probleme so zu entwickeln, daß die zukünftige Existenz der Unternehmen gesichert ist.

# 2 Projektmanagement, Organisation und theoretische Grundlagen

## 2.1 Risikomanagement

### 2.1.1 Begriffserläuterungen

*Der Begriff „Risiko“*

In der wirtschaftswissenschaftlichen Literatur sind eine Vielzahl von Definitionen über den Begriff Risiko zu finden. Die Vielfalt der Erklärungsversuche reicht von „Gefahr einer Fehlabweichung“ bis zur mathematischen Definition „Risiko = Eintrittswahrscheinlichkeit für einen Schaden“.

Informeller, qualitativer Risikobegriff:

Risiko = Möglichkeit oder Gefahr eines Schadens, z.B. durch schadensträchtige Abweichung einer Zielgröße von ihrem Zielwert, d.h. dem gewünschten, geplanten oder erwarteten Wert.

Mathematischer, quantitativer Risikobegriff:

Risiko = Wahrscheinlichkeit für das Eintreten des Schadensereignisses:

R = P( Ereignis „Schaden tritt ein“ )

Risikoschaden = R * Schadenshöhe.

In der Praxis wird Risiko oft definiert als die in einem unzureichenden Informationsstand begründete Gefahr einer negativen Abweichung des tatsächlichen Ergebniswertes vom erwarteten Ergebniswert [SH97].

Der IDW-Standard definiert Risiko als Möglichkeit ungünstiger künftiger Entwicklungen [DD00]. Aber auch eine Aufteilung des Risikobegriffs, wie es KROMSCHRÖDER, LÜCK vornehmen, ist denkbar und erscheint sinnvoll, da Risiko oft neben der Gefahr auch eine Chance beinhaltet: Das *Risiko im engen Sinne* definieren sie als die „Möglichkeit einer ungünstigen, womöglich gefährlichen oder gar existenzbedrohenden (Zukunfts-) Entwicklung“. Dagegen umfasst das *Risiko im weiten Sinne* das Risiko im engen Sinne und den „mögliche(n) Eintritt einer Gewinnsituation“ [KL98]. Jedoch kann aufgrund der Definition keine genaue Grenze zwischen dem engen und weiten Risikobegriff gezogen werden.

*Der Begriff „Risikomanagement“*

Die geschichtlichen Anfänge des Risikomanagements liegen in den 1950er Jahren in den Versicherungsabteilungen von US-amerikanischen Industrieunternehmen. Diese sahen sich vor allem mit einer immer komplexer werdenden Risikostruktur konfrontiert, durch die es schwierig wurde, den richtigen Versicherungsschutz zu finden und einem stetigen Preisanstieg von Versicherungsleistungen entgegenzuwirken. Die Verantwortlichen mußten weitere Mittel zur Risikobewältigung in Betracht ziehen, woraus dann eigene Unternehmenssparten entstanden. Die Entwicklung verlief dann von Versicherungseinkäufern über Versicherungsmanager zu den sog. „Risikomanagern“. Diese Idee der Risikobewältigung übertrug sich schließlich in den 1970er Jahren nach Europa, wo sie jedoch bei vielen Unternehmen bis heute in der Entwicklungsphase steckengeblieben ist [Wa00].

Eingeführt wurde der Begriff des Risikomanagements in die moderne BWL von R.J. MEHR und B.A. HEDGES, wobei vorerst nur die Handhabung versicherbarer Risiken (spezielles Risikomanagement) und somit nur die Absicherung der sog. „reinen Risiken“ betrachtet wurde. Diese Sichtweise wurde mittlerweile erweitert auf die Gesamtführung des Unternehmens, sodaß Risikomanagement heute alle relevanten Risiken in Form einer risikobewußten Unternehmensführung umfasst [HK00].

Nach heute gültiger Auffassung (gemäß IDW) kann das Risikomanagement als „die Gesamtheit aller organisatorischen Regelungen und Maßnahmen zur Risikoerkennung und zum Umgang mit den Risiken unternehmerischer Betätigung“ angesehen werden [DD00].

Diese Definition beinhaltet, daß mit Hilfe des Risikomanagements bestandsgefährdende Risiken erkannt und durch geeignete Steuerung kontrolliert und möglichst verhindert werden müssen.

Unter diesem Aspekt kristallisieren sich drei primäre Ziele heraus:

- die Sicherung der Unternehmensexistenz,
- die Sicherung des Unternehmenserfolges und
- die Minimierung der Risikokosten [WR01].

Die aus diesem Ziel resultierenden Aufgaben lassen sich anhand eines Kreislaufes darstellen:

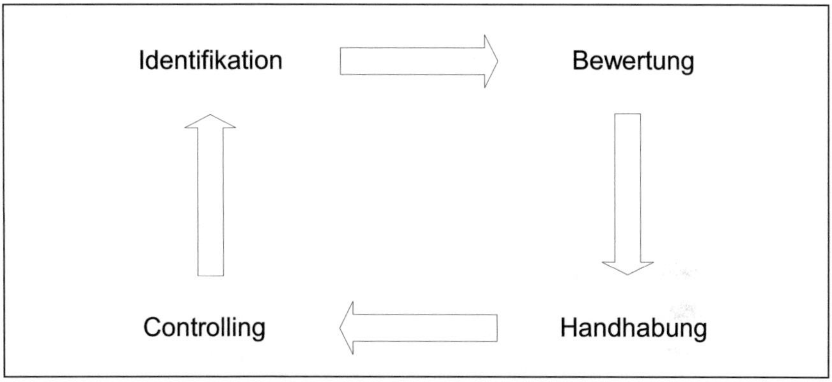


Abb. 2-1: Kreislauf des Risikomanagementprozesses

Daraus folgt, daß eine ständige Wiederholung und Weiterentwicklung des Risikomanagementprozesses mit einer effektiven und effizienten Handhabung des Risikos und einer anschließenden Kontrolle notwendig ist, um die oben genannten Ziele optimal zu erreichen.

### 2.1.2 Der Risikomanagement-Prozeß

#### 2.1.2.1 Die Risikoanalyse

Hauptaufgabe der Risikoanalyse ist es, alle für das Unternehmen in Frage kommenden Risiken zu bestimmen und die Auswirkungen auf den Unternehmenserfolg bzw. auf den Unternehmensfortbestand auszuwerten [DD00]. Dies erfolgt im Rahmen der Risikoidentifizierung und -bewertung.

*Risikoidentifizierung*

Die im Folgenden aufgeführten Betrachtungen und Anwendungen zur Risikoidentifizierung sind auf keine Branche bezogen und können somit auf den Handel angewendet werden.

Besondere Anforderungen werden an den Bereich Risikoidentifizierung gestellt. KLESS bemerkt dazu in [KL98], daß einem erfolgreichen Risikomanagement eine effektive Risikoidentifizierung vorausgehen muß. Im Rahmen der Risikoidentifizierung erfolgt eine zielgerichtete Identifizierung und Aufnahme bestehender und künftiger Risiken [BGS99]. Es müssen in erster Linie Risiken erkannt werden, die für das Unternehmen großen Bedrohungscharakter haben [Wit00]. Weiterhin sollen jedoch alle Arten von Risiken (alte bislang unerkannte sowie neue Risiken und qualitative Veränderungen alter bekannter Risiken) erfasst werden, da sich nicht erkannte Risiken komplett dem Einfluss des Risikomanagements entziehen und vom Handelsunternehmen ohne besondere Aufmerksamkeit unbewusst getragen werden [Wa00].

Das Problem, die Risiken vollständig zu erfassen, macht die Risikoidentifizierung zum schwierigsten Bestandteil des Risikomanagements. Grundvoraussetzung der Risikoidentifizierung ist das Vorhandensein eines definierten Ziels. Nur bei einer exakten Zielvorgabe kann eine Abweichung, also ein Risiko, festgestellt werden [Wit00], d.h. klare Definitionen von Unternehmenszielen (vor allem Existenzsicherung, Erfolgsmaximierung und Kostensenkung) müssen von der Unternehmensleitung vorgegeben sein [Pr99].

Grundsätzlich können die Risiken anhand verschiedener Kriterien systematisiert werden. Es ist dann weiter möglich, eine Gliederung der Risiken vorzunehmen nach

- Wirkung (Ertrags- und Vermögenswirkung),
- Herkunft (extern oder intern) und
- Ursache.

*Externe Risiken* können aus allgemein zugänglichen Quellen, wie z.B. Publikationen über wirtschaftliche und rechtliche Entwicklungen, Markt- und Wettbewerbsanalysen, entnommen werden [Pr99].

*Interne Risiken* werden mit Hilfe des betrieblichen Rechungswesens und der Mitarbeiterbefragung erkannt.

Zur Informationsgewinnung werden hier

- wirtschaftliche (z.B. Marktrisiko),
- politische (z.B. Gesetzesänderung),
- natürliche (z.B. Umweltkatastrophen),
- technische (z.B. Gefahren beim Gebrauch von Maschinen) und
- soziokulturelle (z.B. Veränderungen der menschlichen Verhaltensweisen)

  Risikoursachen betrachtet [Wa00].

Darüber hinaus existieren noch in allen Bereichen anwendbare Methoden zur Informationsgewinnung, z.B. Brainstorming und Brainwriting [WR01].
Mit Hilfe der Risikoidentifizierung verschafft sich das Unternehmen einen generellen Überblick über die wichtigsten Risikopotentiale und Entwicklungen der Risikosituationen, um anschließend schnell agieren zu können [Pr99].
An dieser Stelle muß jedoch noch eine Einschränkung der Risikoidentifizierung vorgenommen werden:
„Whichever method, or combination of methods, is adopted, it is unlikely that all eventualities will be covered“ [Ho68].
Es ist also für ein Unternehmen nahezu unmöglich, sämtliche Risiken in ihrer Komplexität zu erfassen, aber dennoch muß es versuchen, alle relevanten Risiken zu berücksichtigen.

*Risikobewertung*

Auf den aus der sorgfältig und vollständig durchgeführten Risikoidentifikation resultierenden Erkenntnissen folgt die Risikobewertung. In diesem Prozeßabschnitt wird das Ausmaß der einzelnen Risiken festgestellt. Eine Quantifizierung, d.h. die betragsmäßige Bewertung aller Risiken eines Unternehmens ist erforderlich, da das Risikomanagement nur ein bewertetes Risiko steuern kann.
Bestimmend für das Ausmaß der Risiken sind die Faktoren Schadenshöhe und Eintrittswahrscheinlichkeit. Zusätzlich kann der Faktor Schadenhäufigkeit pro Zeiteinheit mit aufgenommen werden. In der Praxis hat sich jedoch eine

zweidimensionale Darstellung mit Schadenshöhe und Wahrscheinlichkeit bewährt.

Folgende vier Voraussetzungen müssen nach WIEANDT [Wi93] erfüllt sein, um Einzelrisiken quantifizieren bzw. messen zu können:

- Ein in Geldeinheiten messbarer Betrag für die Schadenshöhe muß ermittelt werden können;
- Die Eintrittswahrscheinlichkeit kann bestimmt werden;
- Interdependenzen zwischen den Einzelrisiken werden berücksichtigt;
- Das Risiko muß von den Unternehmen steuerbar sein.

Eine betragsmäßige Abschätzung ist dann vorzunehmen, wenn eine genaue Quantifizierung nicht möglich ist. Das Risiko wird im Rahmen der Bewertung üblicherweise in die Typen geringes, mittleres und hohes Risiko eingeteilt [We97]. Zur Bewertung der Risiken sollen im Folgenden kurz die zwei gängigsten Verfahren dargestellt werden.

Das *Korrekturverfahren* bezieht die Unsicherheit durch Risikoab- und Risikozuschläge ein. Da bei dieser Methode nur die negativen Auswirkungen der Unsicherheit erfaßt werden, kann weder eine Interpretation der Zielwerte, noch eine Abwägung der Chancen und Risiken erfolgen [Ad].

Die *Sensitivitätsanalyse* zeigt die Auswirkungen von Änderungen der Einflußgrößen (z.B. Preise, Absatzmengen und Lebensdauer) auf die Ergebnisse (z.B. Kapitalwert) auf. Wenn die Wahrscheinlichkeitsverteilung der Einflußgrößen nicht vorliegt, ist das Risiko zwar nicht berechenbar, doch läßt sich durch Sensitivitätsanalyse eine höhere Transparenz der Unsicherheit erreichen [MD93].

Mit Hilfe der vorgestellten Verfahren können im Rahmen der Risikobewertung Risiken quantifiziert und in folgender Matrix dargestellt werden (nach SAITZ , BRAUN [SB99] ):

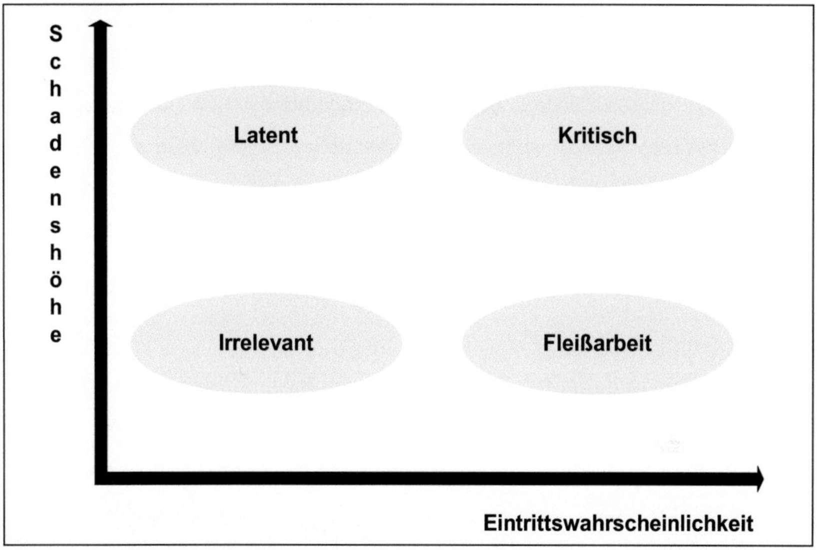


Abb. 2-2: Risikomatrix

Risiken mit geringer Schadenshöhe und Eintrittswahrscheinlichkeit („Irrelevant") können vernachlässigt werden, da der Erfassungs- und Bewertungsaufwand zu hoch ist. Bei Risiken mit großer Schadenshöhe und geringer Eintrittswahrscheinlichkeit („Latent") sind gegebenenfalls Aktionsmöglichkeiten zur Risikoreduzierung zu prüfen. Risiken mit hoher Eintrittswahrscheinlichkeit und geringer Schadenshöhe („Fleißarbeit") beinhalten einen hohen Aufwand zur Erfassung, Bewertung und Behandlung des Risikos. Es sollte nur in Ausnahmefällen darauf eingegangen werden.

Intensiv zu betrachten sind Risiken mit hoher Eintrittswahrscheinlichkeit und großer Schadenshöhe („Kritisch"). Hier sollten verstärkt die im folgenden Abschnitt erläuterten Instrumente der Risikohandhabung zum Einsatz kommen, um zu einer Risikoreduzierung zu gelangen. In diesem Fall muß jedoch zusätzlich eine Wirtschaftlichkeitsanalyse erfolgen, um zu verhindern, daß die Kosten der Risikoidentifizierung, Risikobewertung und -handhabung die Kosten des Risikoschadens (= Eintrittswahrscheinlichkeit X Schadenshöhe) übersteigen.

#### 2.1.2.2 Risikohandhabung

Nachdem die Risiken im Rahmen der Risikoanalyse erkannt und bewertet worden sind, müssen daraus Entscheidungsgrundlagen und Maßnahmen zum Umgang mit den Risiken abgeleitet werden. Hierbei ist darauf zu achten, daß durch die Beeinflussung und Steuerung der erkannten keine neuen Risiken entstehen [Kl98]. Dieses Gebiet des Risikomanagement-Prozesses soll im folgenden Abschnitt näher betrachtet werden.

*Risikovermeidung und Risikoverminderung*

Risikovermeidung bedeutet, daß das Unternehmen risikobehaftete Geschäfte bewusst nicht eingeht [Ha86], was zur Folge hat, daß Risiken gar nicht erst entstehen können. Diese Vorgehensweise wird der defensiven Taktik der Risikohandhabung zugeordnet [SL96]. Somit können zwar Einzelrisiken ausgeschaltet werden, aber gemäß der Definition von KROMSCHRÖDER, LÜCK [KL98] wird hier auch die Gewinnchance ausgeschlossen. Daher ist die Risikovermeidung zur Risikohandhabung nur bedingt geeignet. Diese Vorgehensweise wird vor allem bei *kritischen* und *latenten* Risiken eingesetzt. Durch produktbezogene Maßnahmen zur Risikovermeidung werden einzelne Risikoausschnitte ausgeschlossen. Dies kann Ursachen, Objekte oder Schäden betreffen. So wird erreicht, daß Risiken mit einer großen Schadenshöhe und mit geringer Eintrittswahrscheinlichkeit zu kleiner Schadenshöhe bis hin zu Null transferiert werden. Ein Beispiel hierfür sind generelle Ausschlüsse der sog. „Katastrophenrisiken", wie Krieg und innere Unruhen [Wa00].

Dagegen wird in der Praxis bevorzugt die Risikominderung angewandt, da hierbei auch Chancenpotentiale ausgeschöpft werden können [Ha86]. Die betreffenden Maßnahmen sollen die Schadenshöhe und Eintrittswahrscheinlichkeit verringern. Durch das Festsetzen unternehmenseinheitlicher Richtlinien zur Limitierung von Risiken kann bestimmt werden, bis zu welcher Höhe Risiken eingegangen werden dürfen.

*Risikoverknüpfung und Risikostreuung*

Bei der Risikoverknüpfung werden mehrere selbstständige Risiken zu einem Risikoportefeuille zusammengefasst und dabei von der Risikostreuung unterstützt. Streuung bedeutet in diesem Kontext, daß solche Risiken zusammengefasst werden, die keine gleichen Ergebnisausprägungen haben. Die Ergebnisausprägungen sind hierbei entweder schwach korrelierend, tendenziell entgegengerichtet oder exakt entgegengerichtet.

Durch das Zusammenfassen möglichst voneinander unabhängiger Einzelrisiken ("Bestandsmischung") wird der Risikoausgleich im Bestand gefördert.

*Risikoüberwälzung*

Eine weitere Alternative der Risikohandhabung ist die Risikoüberwälzung. Hierbei wird das Risiko auf ein Versicherungsunternehmen übertragen. Risiken, die auch eine Chance beinhalten, z.B. Unternehmerrisiko oder Kapitalmarktrisiko, werden aber von Versicherungsunternehmen nicht übernommen [Kl98].

Es darf jedoch nicht übersehen werden, daß mit der Risikoüberwälzung das eigentliche Problem nicht gelöst wird, sondern nur der Risikoträger wechselt [Li86]. Als Beispiel kann das Factoring angeführt werden, wobei sich Factoringgesellschaften das Delkredererisiko (Ausfallrisiko) übertragen lassen und das Outsourcing, wo Wertschöpfungsaktivitäten des Unternehmens mit den verbundenen Risiken ausgelagert werden.

*Risikoselbsttragung*

Risikoübernahme bedeutet, daß die Unternehmen das Risiko bewusst selbst tragen. Die Gründe für eine solche Entscheidung können unterschiedlicher Natur sein. Es ist möglich, daß die Risiken als zu gering eingeschätzt werden, daß am Markt noch keine Lösung angeboten wird [BGS99], oder daß ein gewisses Risiko in Kauf genommen wird, da die Kosten der Risikosteuerung zu hoch sind [Wit00]. Ein weiterer Grund kann sein, daß die inbegriffenen Chancen als zu wertvoll eingestuft werden, um sie sich entgehen zu lassen [Wa00].

In jedem Fall sollte die Risikotragfähigkeit gegeben sein, d.h. daß Reserven bzw. Rücklagen für einen möglichen Schadensfall gebildet werden [Ha86]. Auch eine vorhergehende Prüfung, ob eine Alternative günstiger wäre, ist durchzuführen. Die Risikoübernahme sollte nur für Risiken mit geringer Schadenshöhe in Erwägung gezogen werden.

*Zusammenfassung*

Zusammenfassend kann in Anlehnung an BRAUN, GÄNGER, SCHMID [BGS99] gesagt werden, daß die *Irrelevanten* Risiken (s. Abb. 2-2) selbst getragen werden können, die Risiken im Bereich *Latent* und *Fleißarbeit* getragen, jedoch mit Risikoinstrumenten bearbeitet werden müssen, und die *Kritischen* Risiken auf die Versicherungsunternehmen (durch entsprechende Versicherungsprämien) abgewälzt werden sollten.

Die oben beschriebenen Mittel zu Risikohandhabung wurden bislang weitgehend separat betrachtet. In der Praxis aber kann ein optimaler Umgang mit dem Risiko nur durch eine Kombination der Instrumente zur Risikohandhabung erlangt werden [Wa00]. Die Kombination wird in der Literatur oft als *Risk-Management-Mix* in Anlehnung an den Begriff *Marketing-Mix* bezeichnet.

# 3 Risikocluster

*Gründe für Risiken im Handel*

Die Risiken im Handel wachsen. Die Gründe hierfür liegen unter anderem in der zunehmenden Komplexität, der Globalisierung, dem verschärften Preiskampf auf der einen Seite und der Preistransparenz auf der anderen Seite, höhere und veränderte Wünsche und Anforderungen der Kunden, kürzere Produktlebenszyklen, steigende Qualitätsanforderungen und strengere Umweltauflagen. Hierdurch ist wohl auch der Trend zu erklären, daß es immer weniger kleine Handelsunternehmen gibt, dafür aber wenige große den Markt beherrschen.

## 3.1 Risikocluster im Handel

Die zentralen Geschäftsprozesse des Handels sind die folgenden:

| Einkauf | ⇨ | Warenwirtschaft | ⇨ | Verkauf |
|---|---|---|---|---|
| Input | | Throughput | | Output |

Die einzelnen Prozesse sind dabei nicht wie dargestellt voneinander getrennt zu sehen. Im realen Handelsleben überschneiden sie sich und sind nur schwer voneinander abzugrenzen. Eine Gliederung für die Einteilung der Risiken kann nach den o.a. Prozessen erfolgen. Dazu einige Beispiele für mögliche Risiken im Handel:

| Risiken im Einkauf: | Risiken in der Warenwirtschaft: | Risiken im Verkauf: |
|---|---|---|
| Preisrisiko | Kostenrisiko | Angemessenheit des Warenangebots |
| Lieferantenrisiko | Ablaufeffizienz[1] | Preisrisiko |
| Warenrisiko | Ablaufeffektivität[2] | Zeitpunktrisiko |

[1] Effizienz: Leistungsfähigkeit, Wirtschaftlichkeit

[2] Effektivität: Wirksamkeit

Eine weitere mögliche Risikoeinteilung ist die folgende ([IN25]):

| 1. Externe Risiken | 2. Operationelle Risiken |
|---|---|
| - Naturereignisse | - Logistik/Vertrieb |
| - Politische Veränderungen | - IT Sicherheit |
| - Gesellschaftliche Veränderungen | - Human resources |
| - Marktverschiebungen/Neue Märkte | - Umweltrisiken |
| - Rechtliche Entwicklungen | - Vertragsrisiken |
| - Wirtschaftliche Entwicklungen | - Kundenzufriedenheit |
| - Aufsichtsrechtliche Veränderungen | - Qualität |
| - Verschiebungen der Branchen-Trends | - Kriminelle Handlungen |
| - Technische Veränderungen | - Preispolitik |
| - Kundenperspektive (Treue etc.) | |
| - Produktentwicklung | |
| - Markenwert | |
| - Life-cycle Management | |

| 3. Finanzielle Risiken | 4. Strategische Risiken |
|---|---|
| - Liquidität | - Marktanteile |
| - Bonitätsprüfung | - Mergers and Acquisitions |
| - Kreditrisiko | - Joint ventures |
| - Investitionssteuerung und -planung | - Human Capital |
| - Steuern | - Kapazitäten |
| - Kapitalumschlag | - Aufbau- und Ablauforganisation |
| - Finanzierungssteuerung und -planung | |
| - Währungsrisiko | - Allianzen |
| - Kostenrisiko | - Krisenkommunikation und -management |

Um die oben genannten Risiken möglichst gut in den Griff zu bekommen, muß mit ihnen durch die Einführung eines Risikomanagements geplant umgegangen werden. Wichtig ist hierbei ein proaktives Risikomanagement, denn nur so ist es möglich, risikobehaftete Ereignisse rechtzeitig zu erkennen und somit Gegenmaßnahmen zu ergreifen, bevor Schäden eintreten können. Außerdem fördert das Risikomanagement einen kontrollierten und bewußten Umgang mit Risiken, was zu einem ausgewogenen Verhältnis von Risiken und Chancen führt. Hierbei müssen die folgenden vier Phasen durchlaufen werden [RF03]:

1) Risikoidentifikation
2) Risikoanalyse
3) Risikosteuerung
4) Risikokontrolle.

Diese Vorgehensweise muß mehrfach wiederholt werden, da bereits existierende Risiken sich ändern können, aber auch immer wieder neue auftreten können, ganz nach dem Motto ( [IN25] ):
„ ... good managers manage risks, poor managers manage problems"
Im Folgenden wird auf einige Risikocluster eingegangen.

## 3.2 Risiken im Einkauf, speziell Lieferantenrisiko

Die Lieferantenauswahl ist eng mit der Artikelauswahl verbunden. Im nächsten Abschnitt 3.3 gehen wir etwas genauer auf die Bestandsplanung ein und wollen hier nun das Lieferantenrisiko behandeln.
Ein Einkäufer hat die Risiken im Einkauf nur dann minimiert oder ganz ausgeschlossen, wenn er die Logistikaufgabe nämlich die sieben „R"s bewältigt, nämlich

- die richtige Menge
- die richtige Ware
- am richtigen Ort
- zum richtigen Zeitpunkt
- in der richtigen Qualität
- zu den richtigen Kosten
- mit der richtigen Information

dem Kunden zur Verfügung zu stellen.
Gerade bei Saisonware ist dies ein schwieriges Unterfangen. Der Einkäufer muß die Trends voraussehen können, die entsprechenden Waren dann pünktlich zum Saisonbeginn in der richtigen Menge vorrätig haben und einen angemessenen Preis bieten können. Durch den geringen oder begrenzten Wertschöpfungsprozeß kann man hohe Beschaffungskosten nur sehr schwer wieder ausgleichen, und dies schmälert wiederum den Gewinn. In kaum einer anderen Branche hat schon ein kleiner Fehler so große Auswirkungen, daß ein Unternehmen gleich in der Existenz gefährdet sein kann.
Um die Gewinne möglichst zu erhöhen, wird jeder Einkäufer versuchen, Rabatte, Boni, Skonti, Werbekostenzuschüsse oder sonstige Vergünstigungen zu erhalten. Das Problem hierbei ist, daß zwar die Kapitalkosten gesenkt werden, aber auch neue Risiken entstehen können. Beispielsweise muß der Einkäufer, um Rabatte zu erhalten, große Mengen einkaufen, was wiederum zur Gefahr führen kann, daß man auf der Ware sitzen bleibt.
Während unserer Untersuchung sind wir mit einem namhaften, großen Konsumgüterhandel in Kontakt getreten. Bei diesem Konsumgüterhandel sieht ein Lockangebot beispielsweise so aus, daß von einem großen Lieferanten für Windeln der Marke Pampers ein hoher Rabatt gewährt wird, wofür der Handel aber auch eine bestimmte Menge an Chips (Pringles) zu normalen Preisen abnehmen muß. Ein Problem stellt hierbei das Verfallsdatum bei Pringles dar, da die Menge an Ware u.U. nicht bis zu diesem Zeitpunkt verkauft werden kann.
Ein potentielles Risiko im Einkauf ist die Lieferantenauswahl. Es ist wichtig, daß der Einkäufer das Risiko nicht überraschend auf sich zukommen läßt, sondern aktiv potentielle Risiken aufdeckt. Eine Möglichkeit der Risikofindung ist die Anwendung von Checklisten. So sollte man sich folgende Fragen im Bereich der Lieferantenauswahl stellen [RF03]:

- Wie erfolgt die Lieferantenauswahl?
- Wird die Bonität des Lieferanten bewertet?
- Wird die Zuverlässigkeit des Lieferanten bewertet?

- Wird geprüft, ob der Lieferant und das zu beschaffende Produkt für die Dauer der Produktlebenszeit verfügbar sind?

Als Lösungsmöglichkeiten für diese Problemstellungen kommen folgende Verfahren in Betracht:

- ABC- Analyse (s. Abschnitt 3.3.1)
- Nutzwertanalyse (s. [NG09])
- Methoden der Beschaffungslogistik (s. [He06]).

Der Grund für die große Bedeutung der Lieferantenauswahl liegt darin, daß ein Händler Qualität nur anbieten kann, wenn er auch Qualität einkauft. Die Beziehung zwischen Handel und Lieferant kann durch entsprechende Kommunikation wesentlich verbessert werden.

Die Hauptkriterien für die Lieferantenauswahl bei dem von uns genannten Konsumgüterhandel sind Zuverlässigkeit und die dauerhafte Lieferung von ausreichender Menge in gleich bleibender, hoher Qualität.

Der Handel hat meist eine bessere Position gegenüber dem Lieferanten und kann somit Teilverträge zu seinen eigenen Gunsten vereinbaren. In diesen Teilverträgen ist beispielsweise geregelt, daß der Lieferant teilweise eine Bruchquote übernimmt oder aber auch, daß die verderbliche Ware zurückgenommen wird, wenn das Verfallsdatum erreicht ist.

Eine weitere Tatsache, die die Gefahr im Handel kennzeichnet, ist, daß sowohl der Preisdruck als auch der Preisverfall von großer Bedeutung sind. Dies wird natürlich auch auf die Lieferanten übertragen. Im genannten Konsumgüterhandel werden wöchentlich 20 bis 50 Produkte ins Sortiment ein- und ausgelagert. Dahinter verstecken sich Saisonware aber auch beispielsweise reine Verpackungsänderungen eines Produktes. Somit bedeutet eine Sortimentsein- und -auslagerung nicht immer, daß es sich um ein ganz neues Produkt handelt. Schon die geringste Veränderung bezüglich Preis, Verpackung, Image, Saison usw. löst eine Veränderung im Sortiment aus. Einen solchen Sortimentswechsel nimmt der Handel auch vor, wenn der Lieferant seine Preise eigenständig erhöht. In diesem Fall hat die Firma Hipp vor einigen Jahren ihre Preise erhöht und wurde deshalb sogleich aus dem Sortiment genommen. Die

Produkte der Firma Hipp sind zwar jetzt wieder im Sortiment, aber diese Preiserhöhung bedeutete für die Firma Hipp einen Absatzausfall, und es bedurfte großer Anstrengungen seitens der Firma Hipp, um die Produkte wieder ins Sortiment des Handels einzugliedern.

## 3.3 Das Risiko bei der Bestandsplanung

Die Problemstellung der Bestandsplanung ergibt sich nicht ausschließlich daraus, niedrige Lagerbestände und hohe Lieferbereitschaft des Handelsunternehmens zu einem kostenoptimalen Kompromiss zu führen, sondern sie beinhaltet auch die Fragen der Sortimentsbreite und -tiefe, also allgemein der Sortimentsplanung. Hierzu gehört ebenso die Neuaufnahme vielversprechender Artikel in die Produktpalette, als auch die Herausnahme von weniger rentablen Produkten aus dem Sortiment. Somit ist die Bestandsplanung ein fortlaufender Prozeß, der ständig auf die kostenoptimale Ausrichtung hin überprüft werden muß. Die Hauptaufgabe der Bestandsplanung besteht allerdings darin, die Lagerbestände möglichst gering zu halten und dennoch keine Fehlmengen aufzuweisen. Hohe Lagerbestände verursachen hohe Lagerkosten und zusätzlich unnötige Kapitalbindungskosten. Gerade im Handel mit Konsumgütern spielt auch der Verfall der Produkte eine große Rolle. Dies fällt umso mehr ins Gewicht, je länger die Artikel gelagert werden. Meist müssen die Handelsunternehmen für Produkte, die ihre Lebensdauer überschritten haben, selber aufkommen und können diese nicht an den Lieferanten zum Umtausch zurückgeben. Fehlmengen von Artikeln verringern in der Regel nicht nur kurzfristig den Umsatz des Unternehmens, sondern schaden auch dem Image des Handels und wirken somit auch auf lange Sicht negativ auf den Umsatz bzw. den Gewinn des Handelsunternehmens. Das Ziel der Bestandsplanung ist es deshalb, trotz niedriger Lagerbestände jederzeit die gewünschte Absatzmenge bereit zu stellen.

### 3.3.1 Ablauf und Anwendungsbereiche der ABC-Analyse

Ein einfaches, aber für viele Produkte anwendbares Verfahren zur Bedarfsplanung ist die ABC-Analyse (s. [NB04], S. 39 ff.).

Die meisten Artikel im Sortiment sind, gemessen an ihrem Anteil am Gesamtumsatz des Unternehmens, relativ bedeutungslos. Deshalb ist es nahe liegend, die Artikel nach ihren prozentualen Anteilen am Gesamtumsatz zu bestimmen und in Gruppen einzuteilen. Ein hierfür übliches Verfahren ist die ABC-Analyse. Hierbei werden die Produkte mit Hilfe der Artikel-Umsatz-Daten in die Gruppen A, B und C eingeteilt, wobei die A-Artikel einen hohen prozentualen Anteil, die B-Artikel einen mittleren, und die C-Artikel einen relativ niedrigen Anteil am Gesamtumsatz aufweisen.

Der Ablauf der ABC-Analyse beginnt mit der Gewinnung der Artikel-Umsatz-Statistik [BL85] und verläuft nach folgendem Algorithmus:

1) Errechnung des Jahresumsatzes für jeden Artikel (Einzelpreis x Menge, die pro Jahr verkauft wurde).
2) Sortieren der Ergebnisse von Schritt 1 nach der Höhe des jeweiligen Jahresumsatzes.
3) Bestimmung des prozentualen Anteils jedes Artikels am Gesamtbestand der Artikel.
4) Berechnung des prozentualen Umsatzanteils jedes Artikels am Gesamtumsatz.
5) Bildung der Summen der prozentualen Anteile am Umsatz und den Artikeln.
6) Einteilung der Artikel in die Gruppen A, B und C, indem zunächst in der bereits sortierten Liste bei jeweils einer erreichten Umsatzsumme von 60% und 90% eine Schnittstelle gebildet wird. Die Artikel, bei denen in der Summe ein Umsatz bis 60% erreicht wird, sind A-Artikel, diejenigen zwischen 60% und 90% sind B-Artikel und die Artikel zwischen 90% und 100% sind C-Artikel.

Somit sind A-Artikel für das Unternehmen am wichtigsten, da sie den größten Anteil am Umsatz erbringen. In der Regel haben nur wenige Artikel, ca. 20%, einen hohen Umsatzanteil, also 60%, am Gesamtumsatz. Dies bedeutet, daß in einem Handelsunternehmen nur ca. 20% der Artikel in die Gruppe A eingeteilt werden können, während ca. 30% des gesamten Artikelvolumens B-Artikel sind und die restlichen 50% C-Artikel, die nur einen 10-prozentigen Anteil am Umsatz haben.

Diese Zusammenhänge lassen sich gemäß Abb. 2-2 in einer Grafik, der LORENZ-Kurve, anschaulich darstellen ([BL85]):

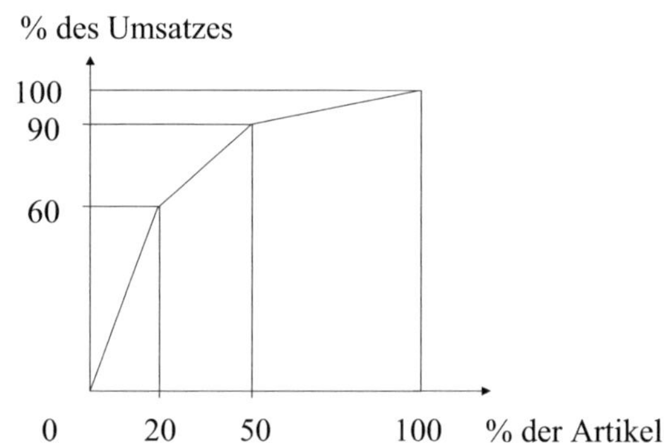


Abb. 3-1: ABC-Analyse (Artikel-Umsatz-Statistik)

Vor allem in der Bestandsplanung werden A-Artikel mit besonderer Aufmerksamkeit behandelt. Es wird unter anderem eine exakte Bestandsrechnung durchgeführt. Für C-Artikel wird stattdessen weit weniger Aufwand betrieben. Es wird beispielsweise keine exakte Bestandsrechnung durchgeführt und größere Bestellmengen festgelegt, da diese Artikel meist einen geringen Wert haben. Größere Mengen von C-Artikeln im Lager verursachen deshalb geringere Kapitalbindungskosten. Somit lassen sich durch eine einfache ABC-Analyse und die Realisierung der daraus abzuleitenden Konsequenzen große Kostenersparnisse erreichen.

### 3.3.2 Die XYZ-Analyse

Bei der XYZ-Analyse wird im Unterschied zur ABC-Analyse nicht der Wert der Produkte untersucht, sondern ihr Bedarfsverlauf. X-Teile haben einen kontinuierlichen und regelmäßigen Bedarfsverlauf und eignen sich deshalb zu einer Just-in-Time Disposition. Der Bedarfsverlauf von Y-Produkten ist wesentlich unregelmäßiger, da diese Produkte ebenso einem Trend wie saisonbedingten Schwankungen unterliegen. Dies führt häufig zu erhöhten Sicherheitsbeständen von Y-Gütern im Lager. Am kompliziertesten ist die Bestandsplanung bei Z-Produkten, da bei deren Bedarfsverlauf keinerlei Regelmäßigkeit mehr erkennbar ist. Somit werden diese Produkte im Bedarfsfall meist einzeln bestellt. Die XYZ-Analyse kann auch mit der ABC-Analyse kombiniert werden, sodaß sich insgesamt neun unterschiedliche Verbrauchsfaktorenklassen ergeben (s. Abschnitt 7.9.4 und [NB04], S. 40ff , [Ki99]).

Falls die einfachen Verfahren der ABC- und XYZ-Analyse nicht die gewünschten Informationen zur Bestandsplanung liefern können, sind geeignete weiterführende Methoden anzuwenden. Als solche sind z.B. die zahlreichen mathematischen Prognosemodelle der BOX-JENKINS- Methode zu empfehlen. Die Anwendung saisonaler Modelle dieser Art (SARIMA-Modelle) zeigt die in [No91] dargestellte Vorgehensweise zur Gewinnung von Prognosen bei der Umsatzplanung.

### 3.3.3 Beispiele der Bestandsplanung in der Praxis

Laut Auskunft eines großen, deutschen Konsumgüterunternehmens wird die Bestandsplanung in dessen Praxis folgendermaßen gehandhabt.

Das Handelsunternehmen legt sehr großen Wert auf die Konformität der einzelnen Filialen. Dies bedeutet, daß deutschlandweit in allen Filialen die gleichen Produkte zum Verkauf angeboten werden und es keine regionalen Unterschiede bei der Produktauswahl gibt. Das Unternehmen hatte zum Ziel, eine identische Sortimentsauswahl in ganz Europa einzuführen. Somit wurden vor einiger Zeit zunächst sämtliche Filialen in Österreich mit dem deutschen Sortiment ausgestattet. Dieses Experiment ist allerdings fehlgeschlagen. Die Verkaufszahlen in den österreichischen Filialen gingen zurück, da die Österreicher gewohnheitsmäßig andere Produkte bevorzugen, und es wurde wieder die alte Sortimentsauswahl eingeführt. Die Umstellung sämtlicher europäischen Filialen auf ein „Europasortiment" ist somit zunächst gescheitert.

*Bestellverfahren der Filialen*

Üblicherweise bestellt bei diesem Handelsunternehmen jede Filiale in Deutschland einmal pro Woche Waren beim Zentrallager. Die gesamten Bestellungen, die bei den verschiedenen Zentrallagern eingehen, werden an den Zentraleinkauf weitergeleitet, der die Bedarfe gesammelt bei den jeweiligen Lieferanten bestellt. Die Bestellmengen der einzelnen Filialen ergeben sich aus mehreren Einflussgrößen: dem aktuellen Bestand, den Verkäufen und der Bestellmenge der vorhergehenden Woche. Diese Daten werden mit Hilfe der Scannerkassen ausgewertet. Dies stellt ein teilautomatisiertes Bestellsystem dar. Weiterhin spielen auch Aktionen, beispielsweise Inseratsanzeigen einiger Produkte, in der darauf folgenden Woche eine Rolle, da sie die Verkaufszahlen kurzfristig erhöhen. Somit müssen solche Aktionen bei der Bestellmenge ebenfalls mit einberechnet werden. Hierbei stützt man sich vorwiegend auf Erfahrungswerte der Vergangenheit. Auch Saisonartikel werden aufgrund von Erfahrungswerten unter Berücksichtigung konjunktureller Einflüsse bestellt.

Die Filialen werden üblicherweise nur einmal wöchentlich vom Zentrallager aus beliefert. Die Anlieferung im wöchentlichen Rhythmus stellt in diesem Fall die kostengünstigste Variante in Bezug auf die Transportkosten und die Kapitalbindungskosten dar. Ziel ist es, Fehlmengen zu vermeiden. Sollten sie dennoch auftreten, werden sie in Kauf genommen solange sie geringere negative Auswirkungen haben als außerplanmäßige Belieferungen.

*Der amerikanische Handelskonzern Wal-Mart*

Eine optimale Lösung des Problems der Bestandsplanung hat das Konsumgüterunternehmen Wal-Mart gefunden, indem es mit Hilfe von CRP (Continuous Replenishment Program) den größten Teil des Risikos an seine Lieferanten weitergibt [IN33]. Ziel des CRP ist ein automatisierter Warennachschub, für den der Lieferant verantwortlich ist. Voraussetzung hierfür ist ein kontinuierlicher Datenaustausch, bzw. Datenabgleich zwischen dem Lieferanten und dem Handelsunternehmen. Es ist also zwingend eine enge Zusammenarbeit zwischen den beiden Partnern notwendig. Der Lieferant wird täglich elektronisch über die Bestände, Abgänge und Fehlmengen des Handelsunternehmens und zusätzlich über Aktionen informiert. Er entscheidet aus den Informationen selbstständig über Höhe und Zeitpunkt der nächsten Lieferung und teilt dies, wiederum elektronisch, dem Handelsunternehmen mit. Somit ist der Lieferant maßgeblich dafür verantwortlich, daß keine Fehlmengen auftreten. Weiterhin ist der Lieferant immer über die aktuellen Bestände des Handelsunternehmens informiert und liefert deshalb nur dann, wenn die Güter tatsächlich benötigt werden. Dies wirkt sich positiv auf die Lagerbestände aus. In der Tat konnte bei Wal-Mart durch dieses System eine Reduktion des Lagerbestands von über 50 Prozent erreicht werden.

## 3.4 Das Risiko Mitarbeiter

Der Mitarbeiter stellt das zentrale Element innerhalb einer Unternehmung dar. Mit Hilfe seiner physischen und psychischen Leistungsfähigkeit trägt er entscheidend zur Realisierung betrieblicher Zielsetzungen bei [Wö96]. Daher kann auch festgestellt werden, daß der Erfolg eines Unternehmens entscheidend von seinen Mitarbeitern abhängt. Da der Mensch als das einzige aktive Element innerhalb eines Unternehmens agiert, ist dieser auch für den eintretenden Erfolg oder auch Mißerfolg verantwortlich. Daraus ergibt sich ein gewisses Erfolgsrisiko. Welche Risiken dies sein können wird im folgenden Abschnitt erläutert.

### 3.4.1 Der Mitarbeiter als Unsicherheitsfaktor

Bevor der Mitarbeiter innerhalb eines Unternehmens tätig werden kann, muß sich das Unternehmen im Zuge der Personalauswahl für ihn entscheiden. Dieser Prozeß der Personalentscheidung hat sehr große Bedeutung für den Bewerber wie auch für das Unternehmen. Das Ziel sollte sein, das wirtschaftliche Bestreben des Unternehmens mit dem Grad der Zufriedenheit des einzelnen Mitarbeiters zu harmonisieren [Wö96]. Umso wichtiger ist die gewissenhafte Auswahl, da sich Ausbildungs- und Personalkosten stetig erhöhen. Weiterhin ist durch die starke Mitbestimmungsposition der Arbeitnehmer in Betriebsrat oder Gewerkschaft die Entscheidung für einen Bewerber nicht kurzfristig widerrufbar.

Grundsätzlich kann ein neuer Mitarbeiter durch eine interne oder externe Stellenausschreibung gefunden werden. Die Form der internen Stellenausschreibung wird dabei hauptsächlich dann gewählt, wenn dies bereits im Unternehmen eingegliederten Mitarbeitern die Möglichkeit bietet, sich weiterzuentwickeln und Aufstiegsmöglichkeiten zu nutzen. Sollten aber beispielsweise Spezialkenntnisse benötigt werden, die bisher noch von keinem vorhandenen Mitarbeiter vorgewiesen werden können, so ist es notwendig, auf die externe Stellenausschreibung zurückzugreifen. Hierbei können bestimmte Risiken allerdings nicht außer Betracht gelassen werden:

Zum einen kann zur Einschätzung des neuen potentiellen Mitarbeiters nur ein Soll-Ist-Vergleich zwischen den Anforderungen an den Bewerber und dessen tatsächlichen Fähigkeiten gemacht werden. Hierbei muß sich der Personalbeauftragte voll auf die von dem Bewerber gemachten Angaben verlassen. Dabei gibt es noch die Möglichkeit, sich gezielt Fähigkeiten nachweisen zu lassen. Dies kann in Form von Zertifikaten, Zeugnissen oder anderen Leistungsnachweisen erfolgen. Somit kann zumindest eine gewisse Sicherheit über bestimmte, verlangte Voraussetzungen erlangt werden. Ein Risiko besteht weiterhin hinsichtlich weicher Faktoren oder auch psychischer Auswahlkriterien. Hier kann der Bewerber persönliche Eigenschaften wie Teambewusstsein, Flexibilität oder Zuverlässigkeit völlig frei präsentieren.

Weiche Faktoren wie die oben genannten kann das Unternehmen mit Hilfe eines Assessment Centers bewerten. Hier haben erfahrene Personalreferenten die Möglichkeit, den Bewerber bei unterschiedlichen Aufgabenstellungen als Individuum und auch als Gruppenmitglied zu beobachten. Dabei ist eine bessere Einschätzung des Bewerbers möglich. Zusätzlich bedient sich jedes Unternehmen auch der Probezeitregelung, wonach relativ kurzfristig mit Frist von zwei Wochen gekündigt werden darf. Nach spätestens sechs Monaten wird der Mitarbeiter meist fest ins Unternehmen eingegliedert.

### 3.4.2 Der Mitarbeiter als Wissenspool

Üblich ist es, daß in den meisten Unternehmungen, so auch im Handel, Mitarbeiter oftmals für längere Zeit dieselbe Tätigkeit ausführen, beispielsweise im Einkauf. Dies ist aus betriebswirtschaftlichen Gründen sinnvoll, da mit längerer Übung ein Routineeffekt eintritt, wodurch der Mitarbeiter schneller und damit effizienter arbeiten kann. Weiterhin vermeidet man dadurch zusätzliche Einarbeitungszeit, die dann anfallen würde, wenn man einen neuen Mitarbeiter an dem betreffenden Arbeitsplatz arbeiten läßt.

Allerdings hat diese Methode auch Nachteile. Leicht kann der Fall eintreten, daß eine bestimmte Aufgabe auch nur noch von einer oder zwei Personen beherrscht wird. Da die Aufgaben beispielsweise im Einkauf sehr komplex sein können, scheuen sich Vorgesetze oft, sich mit diesem Problem zu befassen, da sie selbst kein umfassendes Wissen über die genauen Arbeitsvorgänge der betreffenden Stelle haben. Das Problem wird ignoriert und bricht dann aus, wenn der Mitarbeiter krank ist, sich im Urlaub befindet oder seinen Arbeitsplatz wechselt. Nach Angaben des Bundesverbandes der betrieblichen Krankenkassen fehlt ein Mitarbeiter durchschnittlich mehr als 16 Arbeitstage im Jahr aufgrund von Krankheit [IN4]. Folge ist, daß Vorgänge unter Umständen nicht bearbeitet werden können, die für den kontinuierlichen Ablauf im Unternehmen möglicherweise überlebensnotwendig sind. Fällt beispielsweise im Bereich Einkauf der Verantwortliche für eine Region aus, können u. U. die von den betreffenden Filialen eintreffenden Bestellanforderungen nicht bearbeitet werden. Dies kann zur Unterversorgung beim Besteller führen und die Erwartungshaltung des Kunden enttäuschen. Da aber der Kunde in jedem Unternehmenskonzept das entscheidende Element darstellen sollte, dürfen solche Probleme nicht auftauchen.

Um sicherzustellen, daß Daten und Wissen nicht an bestimmte Mitarbeiter gebunden sind und durch deren Ausfall verloren gehen können, sollte ein kontinuierlich geführtes Dokumentationssystem existieren, welches vom jeweiligen Mitarbeiter angefertigt wird. In diesem sollten alle Systemelemente des Arbeitsvorganges festgehalten werden. Wichtige Elemente hierbei sind die Orte, an denen sich die benötigten Daten befinden, welcher Mitarbeiter über welche Kompetenz verfügt, zu ergreifende Maßnahmen, wenn bestimmte Ereignisse eintreten, etc. So kann sich im Falle des Ausfalls des Mitarbeiters ein anderer Mitarbeiter schnell in das betreffende Thema einarbeiten und die freie Stelle ausfüllen.

### 3.4.3 Der Mitarbeiter als motivationsgesteuertes Individuum

Die menschliche Arbeitsleistung wird von WÖHE [Wö96] als die Kombination der physischen und psychischen Arbeitskraft mit dem Willen, diese Arbeitskraft auch einzusetzen, beschrieben. Um diesen Willen zu entwickeln, muß der Mitarbeiter motiviert sein. Diese Motivation kann durch Gehaltsanreize, Aufstiegsangebote, Lob oder auch Verantwortungsübertragung durch den Arbeitgeber gefördert werden. Was geschieht, wenn dies nicht beachtet wird, zeigt ein Artikel der Mittelbayerischen Zeitung vom April 2004. Dieser bezieht sich auf eine Umfrage des Meinungsforschungsunternehmens Gallup zum Thema Motivation von Mitarbeitern im Unternehmen. Demnach sind nur 12 Prozent der Befragten in ihrer Arbeit engagiert, während 70 Prozent ihre Arbeit nur nach Vorschrift vornehmen, frei nach dem Motto „Bevor ich was falsch mache, mache ich lieber keinen Schlag zuviel“ [Dpa04]. 18 Prozent haben innerlich bereits mit der Arbeit abgeschlossen. Daraus ergibt sich ein jährlicher gesamtwirtschaftlicher Schaden von 247 bis 260 Milliarden Euro [Dp04]. Um diesen Schaden von der eigenen Firma fern zu halten, sollten Führungskräfte das Thema Kommunikation und Motivation besonders beachten. Dabei gilt es, den Mitarbeitern regelmäßig positives Feedback zu geben, regelmäßig Teambesprechungen durchzuführen und Entscheidungsgründe zu benennen.

### 3.4.4 Der Mitarbeiter als kulturelles Individuum

Im Bereich des internationalen Handels ergeben sich besondere Probleme. Dies resultiert daraus, daß hier Kommunikation gefragt ist und daß deren Qualität auch die Qualität der Kontakte eines international tätigen Unternehmens mit Zweigstellen des eigenen Konzerns, mit externen Lieferanten und mit Kunden bestimmt.

Durch sprachliche und kulturelle Unterschiede kann diese Kommunikation gestört sein. Allein im Briefverkehr kann es durch unzureichende Sprachkenntnisse des Verfassers dazu kommen, daß der Empfänger, ein Kunde oder Lieferant, den Inhalt falsch versteht. Das Resultat kann sein, daß sich der Empfänger veralbert oder gekränkt fühlen kann, und deshalb sich eventuell anbahnende Kundenkontakte wieder zerschlagen.

Ein Beispiel hierzu: Wenn ein Amerikaner oder Europäer zu einem Chinesen sagt: „I agree", also „Ich stimme Ihnen zu", so kann dies für einen Chinesen bedeuten: „Ich stimme ihnen zu 15% zu" [CG99].

Ähnliches ist denkbar, wenn es zu einem persönlichen Kundenkontakt kommt. Hierbei zählen persönliche Erscheinung sowie Überzeugungskraft und Ausdruck. Aufgrund von unterschiedlichen kulturellen Verhaltensweisen ist es leicht möglich, mit unbewußtem Verhalten seinen Handelspartner zu verärgern oder gar zu beleidigen, wonach sich dieser sicherlich wesentlich schwieriger zu dem geplanten Geschäft bewegen läßt. Dies kann beispielsweise der Fall sein, wenn ein Europäer die Aussage eines Chinesen vor dessen Kollegen berichtigt. Dieser empfindet das als Bloßstellung.

Ein weiteres Problem zeichnet sich dann ab, wenn es um strategische Marketing-Entscheidungen geht. Hierbei wird der zuständige Mitarbeiter oftmals von dem von CATEORA und GRAHAM [CG99] als „Self-Reference-Criterion" be-

zeichneten Vorbehalten beeinflußt. Nach der Definition von CATEORA, GRAHAM bedeutet dies:
„The self-reference-criterion is an unconscious reference to one's own cultural values, experiences and knowledge as a basis for decisions".
Dies beinhaltet, daß eine Person, die versucht, sich in die Kunden eines anderen Landes hineinzuversetzen und deren Bedürfnisse zu ermitteln, die falschen Schlüsse ziehen kann. Grundsätzlich bezieht ein Marketing-Mitarbeiter Statistiken der Vergangenheit und Marktforschungsergebnisse mit ein. Dennoch wird der Marketing-Mitarbeiter bei der Entscheidung, ob und welches Produkt bestenfalls in diesem Markt eingeführt wird, von seinem Gefühl, seinen Erfahrungen und seinen Wertevorstellungen beeinflußt. Dies geschieht intuitiv. Das Risiko, welches sich jedoch dahinter verbirgt, besteht darin, daß der Mitarbeiter automatisch bestimmte Möglichkeiten für sich ausschließt und nicht mehr in Betracht zieht. Die für ihn schlüssigeren Alternativen erhalten automatisch eine höhere Präferenz und werden dementsprechend mit mehr Motivation unterstützt. Dies kann leicht zu falschen Entscheidungen führen, da Lebensgewohnheiten und Bedürfnisse von anderen Ländern sehr verschieden von denen des eigenen Landes sein können. So stellte beispielsweise Unilever, ein Waschmittelproduzent, fest, daß für den Markt in Brasilien die Produkte in wesentlich kleineren Packungen abgepackt werden müssen, da die meist eher ärmere Bevölkerungsschicht dort sehr preissensibel einkauft und daher kleinere Abpackungen bevorzugt [CG99].
Der Aspekt kultureller Unterschiede darf auch bei der Zusammenarbeit innerhalb des Handelsunternehmens nicht unterschätzt werden. Der Anteil an ausländischen Arbeitnehmern in Unternehmen steigt stetig und kann zu Kommunikationsschwierigkeiten und Mißverständnissen zwischen den Mitarbeitern führen. Die Unternehmensleitung sollte dem mit Sprachtraining und Seminaren zur Verbesserung des kulturellen Verständnisses vorbeugen. Nur so kann ein optimaler Prozeßablauf erreicht werden.

## 3.5 IT-Risiken

In den vergangenen zehn Jahren haben sich durch die enorme Leistungssteigerung im IT-Bereich ungeahnte neue Möglichkeiten ergeben. Diese müssen aus betriebswirtschaftlichen Gründen genutzt werden. So kann heute der Fortschritt eines Auftrags in jeder Phase mitverfolgt werden. Daraus ergeben sich ganz neue Möglichkeiten, einen Prozeß zu optimieren. Allerdings entstehen damit auch vollkommen neue Risiken. Diese müssen im voraus identifiziert, bewertet und nach Möglichkeit vermieden werden. Dazu kommt, daß der ständige Wandel im IT-Bereich laufend neue Risiken hervorbringt und somit eine statische Risikostrategie nicht ausreicht. Vielmehr sind IT-Experten gefragt, die sich kontinuierlich abzeichnenden neuen Gefahren zu erkennen und entsprechende Vorbeugemaßnahmen zu treffen.
Erkennen lassen sich solche Risiken anhand einer gründlichen Analyse des gesamten IT-Prozesses und mit Hilfe von Simulationen. Nachfolgend wollen wir eine Übersicht über verschiedene Risiken im IT Bereich geben.

### 3.5.1 Lösungsmöglichkeiten bei der Behandlung von IT-Risiken

Eine konstante Datenqualität kann erreicht werden durch Normierung der Daten und durch Prüfsummen für Nummern. Bei Banken z.B. ist die letzte Ziffer einer Kontonummer eine Prüfziffer. Damit kann eine fehlerhafte Eingabe in den meisten Fällen erkannt werden. Auch die Anforderung an die Datenqualität muß vor der Erhebung bekannt sein. So kann eine Auswertung, deren Ergebnis auf vier Stellen genau sein soll, nur auf Daten mit mindestens dieser Genauigkeit basieren.
Simulationen decken Programmierfehler auf, aber nur wenn jedes mögliche Ereignis simuliert wird. Da dies oft unmöglich ist, ist auf sorgfältige und übersichtliche Programmierung zu achten. Der Aufwand, einen Programmierfehler nachträglich auszubessern, übersteigt leicht die Mehrkosten einer von Anfang an sorgfältigen Programmierung.
Sicherheitslücken sind nur schwer erkennbar. Hilfreich ist erfahrenes, gut ausgebildetes und loyales Personal. Wichtig ist die ständige Aktualisierung sicher-

heitsrelevanten Wissens der entsprechenden Verantwortlichen. „Schlupflöcher" sind umgehend zu stopfen, um unbefugten Zugriff zu verhindern.
Strategische Risiken treten z.B. bei Betriebssystemen auf. Generell gilt: Ist die Entscheidung für ein Betriebssystem gefallen, hat man sich für sehr lange Zeit festgelegt. Die Anwendungsprogramme, die oft angepaßt oder sogar extra im Kundenauftrag geschrieben werden, sind dann auf dieses Betriebssystem angewiesen. Damit entsteht eine Abhängigkeit vom Anbieter des Betriebssystems mit entsprechenden Gefahren. Entscheidet der Anbieter, dieses Betriebssystem nicht mehr weiter zu entwickeln, d.h. die Wartung einzustellen, muß bei einer Umstellung auf ein neues Betriebsystem die Anwendungssoftware angepaßt oder gar neu programmiert werden. Zudem bedeutet die Abhängigkeit vom Anbieter auch, daß Preisänderungen für Updates hingenommen werden müssen.
Die Kapazität des Systems wirkt sich vor allem in kurzfristigen Spitzenzeiten aus – gerade dann wenn man auf die EDV-Unterstützung ganz besonders angewiesen ist. Deshalb ist die Leistungsfähigkeit entsprechend zu dimensionieren.
Die Kompatibilität des Systems ist ein wichtiger Erfolgsfaktor. Eine Eingabe darf nur einmal nötig sein. Auch mit neuen Geräten und Anwendungen muß das vorhandene System zurechtkommen. Zu bedenken ist auch die voranschreitende Vernetzung mit den Lieferanten. Ein Außenseitersystem führt sicher schnell ins Abseits.
Ein Systemausfall ist verheerend. In vielen Bereichen bringt er ein Unternehmen zum Stillstand. Ist der Kundenkontakt vom Zugriff auf das System abhängig, ist mit unzufriedenen Kunden zu rechnen. Deshalb müssen Sicherheitsmaßnahmen für den Fall eines Systemausfalls getroffen werden.
Verstöße gegen den Datenschutz führen zu Gesetzeskonflikten und Imageverlust bei Kunden und Lieferanten. Deshalb muß der Zugriff auf Daten im Unternehmen individuell geregelt sein, d.h. jeder Mitarbeiter hat eine genau festgelegte Zugriffsbefugnis. Der Zugriff auf sensible Daten erfolgt mittels individuellem Passwort. Bei besonders sensiblen Daten steigt die Hemmschwelle

des leichtfertigen Umgangs, wenn jeder einzelne Zugriff im Nachhinein nachvollziehbar ist.

### 3.5.2 Ein Praxisbeispiel

In einem computergesteuerten Auslieferungslager fällt für zwei Stunden das System aus, weil wegen Reparaturarbeiten ein Überspannungsschaden aufgetreten ist. Bis die Ursache (Netzteil des Servers ist defekt) vom zuständigen Administrator gefunden und behoben ist, kann nichts aus dem Lager geliefert werden, weil nur das System den Standort der Ware kennt. Das Personal im Lager- und Auslieferungsbereich kann somit zwei Stunden nicht arbeiten, die Fahrer brechen zwei Stunden später auf, einige Filialen werden erst nach Geschäftsschluss beliefert. Zu vermeiden gewesen wäre dies, mit einem Überspannungsschutz für den Netzanschluß sämtlicher IT-Geräte. Im Idealfall gibt es für IT-Geräte ein eigenes Stromnetz. Vor Überspannungsschäden aus dem Stromnetz schützt ein Überspannungsschutz, vor Stromausfällen ein Notstromaggregat und ein USV-Gerät (unterbrechungsfreie Stromversorgung). Dieses gewährleistet nicht nur die Stromversorgung während des Anlaufens des Notstromaggregats, sondern gleicht auch Spannungsschwankungen im täglichen Betrieb aus. Je höher der Stellenwert der EDV in einem Unternehmen ist, desto wichtiger ist deren störungsfreier Betrieb und desto mehr sind IT-Risiken zu bedenken.

Zusammenfassend läßt sich feststellen, daß modernes Risikomanagement sehr viel mehr Arbeitsaufwand verursacht als dies in der Vergangenheit der Fall war. Dennoch zahlt sich dies in einer höheren Planungssicherheit aus, aus der eine höhere Bonität des Unternehmens resultiert. Diese ist für den Erfolg einer Unternehmung unerläßlich.

# 4 Simulation

## 4.1 Einführung

Aufgrund der Notwendigkeit für das Management, sich mit seinem Unternehmen der immer globaler werdenden Weltwirtschaft anzupassen und der daraus resultierenden Schwierigkeit, sich auf dem Weltmarkt durchzusetzen, wird es in Zukunft eine immer größere Herausforderung, sich mit den eigenen Produkten gegenüber der Konkurrenz am Markt zu etablieren. Um dies zu erreichen ist es von entscheidender Bedeutung, die im Betrieb ablaufenden Prozesse zu beherrschen und die damit verbundenen Kosten zu minimieren.

Hierbei ist es besonders wichtig, den Betriebsablauf optimal zu gestalten. Somit liegt es nahe, daß man neue Methoden oder Anpassungsmaßnahmen vor der Einführung in das reale System testet. Hierzu gibt es verschiedene Möglichkeiten, wobei die Technik der Simulation wegen ihrer besonderen Vorteile ein gern genutztes und weit verbreitetes Instrument ist.

Simulation im technischen Sinne wird von R.E. SHANNON folgendermaßen definiert:

„Simulation ist der Prozeß der Modellbeschreibung eines realen Systems und des anschließenden Experimentierens mit diesem Modell mit der Absicht, entweder das Systemverhalten zu verstehen oder verschiedene Strategien für Systemoperationen zu entwickeln."

Die Modelle dienen dabei als Informationsinstrumente, die Aufschluß über reale Prozesse geben sollen. Die gewonnenen Informationen lassen somit Rückschlüsse auf das reale System zu und erlauben es, Systemoptimierungen vorzunehmen.

So werden Simulationen besonders dort eingesetzt, wo Experimente an realen Systemen zu kostenintensiv, wie beispielsweise Crash-Tests oder neue Studien bei Fahrzeugherstellern, zu gefährlich, wie zum Beispiel Messungen beim Ablauf einer Atombombenexplosion, oder völlig unmöglich sind, da reale Systeme fehlen beziehungsweise diese keine Untersuchung zulassen.

Bei der Durchführung von Simulationen konzentriert man sich meist ausschließlich auf die Aspekte des simulierten Systems, die für die Erkenntnisgewinnung von besonderem Interesse sind. Andere Aspekte des simulierten Systems hingegen, die für die zu beantwortende Fragestellung (vermutlich) nur eine geringe Rolle spielen, werden in der Simulation meist vereinfacht oder weggelassen.

## 4.2 Einsatz und Nutzen von Simulationsverfahren

Moderne Fabriken sind gekennzeichnet durch wachsende Variantenvielfalt, zunehmenden Automatisierungsgrad, fortschreitende Integration von Material- und Informationsfluß und immer stärkere Entkopplung von Arbeitszeit und Nutzungszeit der Betriebsmittel. Aus dieser Entwicklung ergeben sich die Anforderungen an die Planung von Produktionsanlagen.

Bei der Lösungsfindung sind die Wechselwirkungen zwischen den Produkten und den Betriebsmitteln zu berücksichtigen. Weiterhin muß der Planer die Abhängigkeiten innerhalb der Betriebsmittel, zwischen Material- und Informationsfluß und zwischen Bearbeitung und Montage beherrschen und das dynamische Systemverhalten kennen. Bereits frühzeitig sollte die Bestimmung von Kostengrößen möglich sein. Dadurch kann die Detailplanung von Lösungsalternativen vermieden werden, die produktionstechnisch sinnvoll erscheinen, aus wirtschaftlichen Gründen aber frühzeitig ausgeschlossen werden können.

Da ein Szenario in kurzer Zeit analysiert und bewertet werden kann, ist mit etwas zusätzlichem Zeitaufwand die Analyse mehrerer unterschiedlicher Varianten möglich. Die Flexibilität kann durch Testen der virtuellen Fabrik mit unterschiedlichen, denkbaren Produktionsprogrammen geprüft werden.

Nur die optimale Variante wird realisiert. Dies bedeutet höchste Produktivität und Flexibilität bei den geringsten Kosten. Auch unkonventionelle und innovative Ideen können ausprobiert werden. Dadurch landen gute, aber nicht abgesicherte Ideen nicht mehr so leicht in der Schublade. Zusätzliche Produktivitätspotentiale werden erschlossen.

Je nach Betrieb können verschiedene Zielgrößen an erster Stelle stehen: Produktivität, Flexibilität, absolute Termintreue, minimale Investition, maximale

Qualität oder anderes. Es gilt jeweils, einen akzeptablen Kompromiß zwischen den unterschiedlichen geforderten Zielen zu finden.

Die Simulation liefert klare Aussagen zur Erreichung all dieser Ziele in den unterschiedlichen Varianten. Damit ist sichergestellt, daß die Verfolgung der Hauptziele nicht dazu führt, daß der Unternehmenserfolg durch Fehler in als weniger wichtig eingeschätzten Bereichen zunichte gemacht wird, denn die Simulation liefert ein ganzheitliches Bild über den betrachteten Bereich. Aus der Simulation werden alle wichtigen Kenngrößen gewonnen. Zu diesen Kenngrößen gehören: Einsatz an Produkten, Durchlaufzeiten, Terminüberschreitungen, Stückkosten, Auftragskosten, Liegezeiten, Bestände, Auslastung der Maschinen und Lager, Rüstaufwände, Wartezeiten auf Störungsbehebung, Materialbedarf, Betriebskosten, Warteschlangenlängen oder Personalnutzung für unterschiedliche Aufgaben.

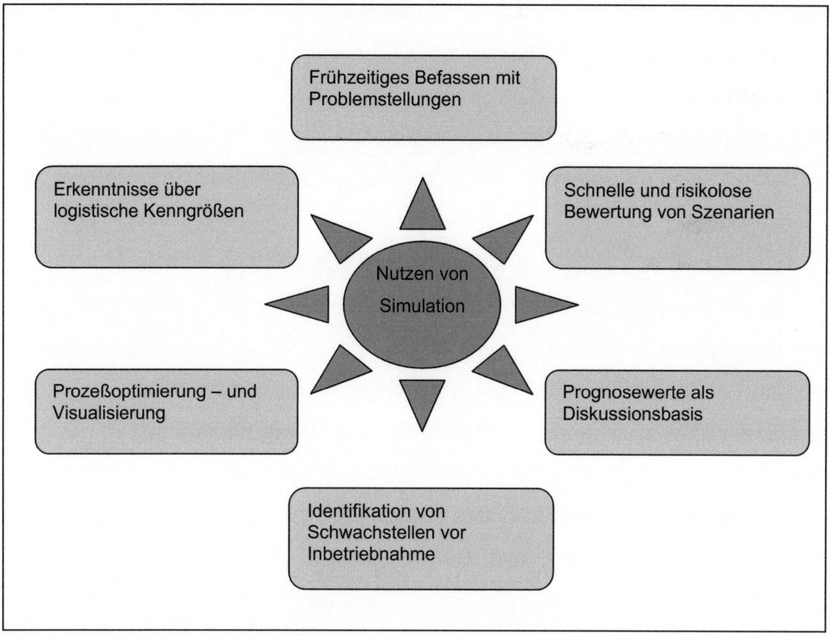


Abb. 4-1: Nutzen von Simulation

Der Anwender benötigt ein leicht bedienbares Instrument zur raschen Problemlösung, das ihn in die Lage versetzt, innerhalb kurzer Zeit anspruchsvolle Modelle aufzubauen und zuverlässige Ergebnisse zu erzielen. Die traditionellen Einsatzgebiete der Simulation sind in allen Sektoren der Betriebswirtschaft und in angrenzenden Bereichen zu sehen.
Dies sind u.a.:

- Investitions- und Finanzplanung,
- Einkauf und Materialwirtschaft,
- Computer Integrated Manufacturing (CIM),
- Inner- und außerbetriebliche Logistik,
- Marketing und Unternehmensgesamtplanung,
- Gesellschaftliche Entwicklungen, Unternehmensumwelt und Ökonometrie.

Der Einsatz von Simulation wird dann notwendig, wenn

- das abzubildende System nicht zur Verfügung steht (nur in der Planung existiert)
- der reale Prozeß aus Kostengründen nicht untersucht werden kann
- ein wirkliches Experiment aus Sicherheitsgründen nicht durchgeführt werden kann
- ein Prozeß aus ethischen Gründen nicht vollzogen werden kann
- komplexe Wirkungszusammenhänge die menschliche Vorstellungskraft überfordern
- eine neue, unbekannte Prozeßumwelt integriert werden soll
- oder bestehende Analysemethoden an ihre Grenzen stoßen.

Der Einsatz von Simulation in der Planungsphase bedeutet zunächst einen nicht unbeträchtlichen Aufwand, denn es muß in Ergänzung zu den traditionellen Planungsschritten ein Computermodell entwickelt und mit diesem experimentiert werden. Wenn auch zu erwarten ist, daß dieser Zusatzaufwand in Zukunft durch modernere Werkzeuge und ein durchgängiges Prozeßdatenmodell erheblich sinken wird, so wirkt sich der Nutzen von Simulation nicht direkt, sondern zum Teil erst viel später während des Betriebes aus. Jeder Planungsfehler, der durch den Einsatz von Simulation rechtzeitig erkannt wurde, führt zu einem direkten Nutzen des Simulationseinsatzes.

## 4.3 Einordnung der Simulation im Rahmen der Logistik

Da im Kontext der vorliegenden Simulationsbetrachtung hauptsächlich auf den Bereich der Logistik eingegangen wird, muß zunächst der Simulationsbegriff in den Rahmen der Logistik eingeordnet werden. Für diese Zuordnung werden die Grundsätze der *Kundenorientierten Ganzheitlichen Vernetzten Logistik*, KGVL® (s. [No01] und [NG09]) als Betrachtungsgrundlage herangezogen.

*Simulation und Kundenorientierung*

Wird die Simulation im Zusammenhang der Logistik gesehen, ist auch hier der Mittelpunkt aller Betrachtungen die Kundenorientierung. Nach den Kunden werden alle Bestrebungen ausgerichtet mit dem Ziel, die Aufträge der Kunden in der von ihnen gewünschten Art und Weise zu erfüllen [NB04].

*Simulation und Ganzheitlichkeit sowie Vernetztheit*

Die raschen Veränderungen der Marktgegebenheiten auf dem Produktions-, Handels-, und Dienstleistungssektor, sowie die sich ändernden Kundenwünsche erfordern eine ganzheitliche und vernetzte Denkweise für eine Simulationsanalyse. Es können zwar betriebliche Teilprobleme durch eine Simulation gelöst werden und damit auch partielle Schwachstellen beseitigt werden, doch bleibt das Resultat einer isolierten Betrachtung stets eine Insellösung. Meist ergeben sich durch solch eine eingeschränkte Vorgehensweise bei der Umsetzung des Konzeptes in die Praxis unvorhergesehene Probleme. So zeigt sich oft erst in der Realisierungsphase, daß nicht nur die einzelnen Teilprozesse, sondern die Gesamtzusammenhänge in einem Unternehmen erfaßt und analysiert werden müssen. Eine nicht losgelöste, isolierte sondern vernetzte Betrachtung ist somit ein entscheidendes Kriterium bei der Planung und Durchführung von Simulationsläufen.

*Simulation und Logistik-Aufgabe*

Mit der Möglichkeit von Simulationsverfahren wird ferner eine Option geschaffen, die Logistik–Aufgabe in optimaler Form zu erfüllen, d.h. die Aufgabe, dem Abnehmer die *richtigen Mengen, der richtigen Objekte, am richtigen Ort, zum richtigen Zeitpunkt, zu den richtigen Kosten, in der richtigen Qualität und mit der richtigen Information* zur Verfügung zu stellen, kann durch Simulation gelöst werden.

*Simulation und Logistik-Kette*

Die nachfolgende Abb. 4-2 zeigt einen Abriss der Einsatzmöglichkeiten von Simulationsprojekten in der Logistik.

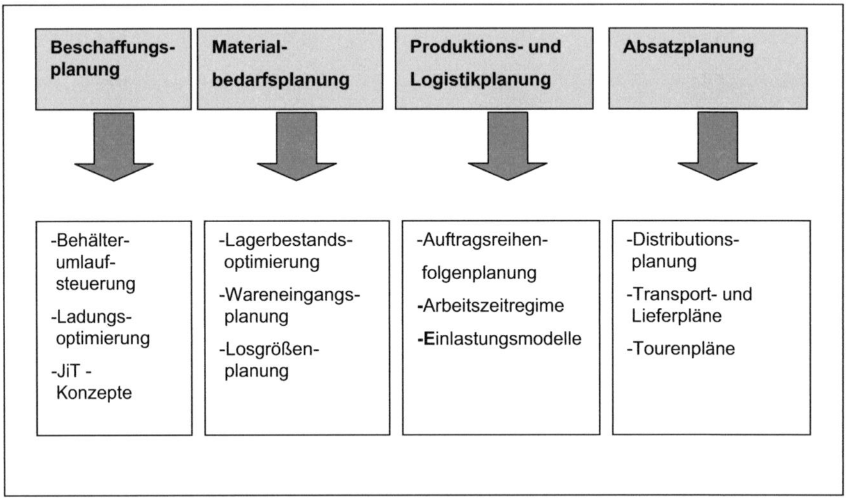


Abb. 4-2: Einsatzmöglichkeiten der Simulation

Anhand der Abbildung wird deutlich, daß Simulationsmethoden in der gesamten Logistik-Kette zum Einsatz kommen können.

*Vorteile und Anwendungsbereich von Simulation in der Logistik*

Der Simulationseinsatz wird dann wirtschaftlich, wenn der Sachverstand auch erfahrener Planer nicht mehr ausreicht, um komplexe Wirkungszusammen-

hänge zu begreifen und nicht mehr genau auf deren Beeinflußbarkeit geschlossen werden kann [Ba]. Simulationsmethoden ermöglichen eine risikolose Darstellung einer realen Handlungsstrategie.
Die Planung, Steuerung und Regelung von Logistiksystemen wird durch Simulationswerkzeuge risikofrei und mit relativ geringem Aufwand lösbar gemacht. Es können somit optimale Strukturen und Prozesse erarbeitet und durchgesetzt werden. Dies leistet einen beträchtlichen Beitrag zur Konkurrenzfähigkeit des Unternehmens.
Unter Berücksichtigung der logistischen Grundsätze aus der KGVL® sowie der Logistik–Aufgabe und weiteren Ansätzen spielt die Simulation heutzutage eine konkurrenzorientierte und marktbestimmende Rolle im Rahmen der Logistik.

## 4.4 Reduzierung von Risiken durch Simulation

### 4.4.1 Reduzierung des Kostenrisikos

Bei der marktorientierten Produktentwicklung ist neben der Verfolgung von Qualitäts- und Zeitzielen die Ausrichtung auf Kostenziele unabdingbar. Das Hauptziel eines jeden Unternehmens liegt in der Erfüllung des BWL-Grundprinzips, die Erträge zu maximieren und die Kosten zu minimieren. Aufgrund dieser Tatsache ist es äußerst wichtig, das Kostenrisiko durch Simulation so gering wie möglich zu halten. Es ist daher das Ziel, die Konsequenz einer Maßnahme vor allem aus Kostensicht zu analysieren und zu bewerten. Ein Modell soll in erster Linie aufzeigen, welche Kostenfolgerungen bei z.B. einem neuen Prozeßablauf oder einer neuen Projektinvestition entstehen.
Kosten für die Erstellung eines Simulationsmodells fallen zwar auch an, aber sie sind meist nur ein Bruchteil der Kosten, die entstehen, wenn falsche Entscheidungen aufgrund mangelnder Informationen und ungenauer Erkenntnisse getroffen werden.
Die Kostenrisiken stecken in jedem Bereich des Unternehmens, u.a.

- in Investitionen
- im Anlaufprozeß
- im Personalbereich

- in der Lagergröße und dem Lagerbestand
- bei Transportmitteln usw.

*Reduzierung von Investitionsrisiken*

Im Rahmen der Investition kann sich die Simulation als sehr nützlich erweisen. Die Investition kann im Simulationsmodell mit sämtlichen auftretenden Eventualitäten durchgeplant und gestaltet werden. Durch entsprechende Überprüfungen kann man Fehler in der Planung aufdecken oder Verbesserungen einbauen, sowie erkennen, ob die geplante Investition überhaupt sinnvoll ist. Da es sich bei Investitionen neuer Projekte sehr oft um größere Summen handelt, kann man hier klar von einem Kostenrisiko für das Unternehmen sprechen, wenn keine Simulationstechnik genutzt wird. Durch die Anwendung der Simulation wird das vorhandene Risiko minimiert bzw. eliminiert.
Aufgrund der aus dem Simulationsmodell erhaltenen Ergebnisse läßt sich so das Kapital für eine Investition sinnvoller und korrekter anlegen, so daß Fehlinvestitionen vermieden werden.

*Reduzierung von Risiken im Anlaufprozeß*

Bei der Planung von neuen Projekten ist sehr oft eine lange Anlaufphase vorzusehen bis der neue Prozeß richtig abläuft. Durch den Einsatz der Simulationstechnik ist eine kürzere Anlaufzeit realisierbar. Man erfährt im Vorfeld mit welchen Anlaufschwierigkeiten und Problemen zu rechnen ist und kann daher früher auf den neuen, voll und ganz einsatzfähigen Prozeß umstellen. Die ansonsten nur ungenau abschätzbaren Kosten für die Anlaufphase lassen sich so vorab bestimmen und erleichtern somit die Kalkulation des Anlaufes hinsichtlich Zeit und Kosten. Zum Beispiel können die Kosten für einen Parallelbetrieb, die entstehen würden, wenn auf eine sichere Lieferfähigkeit gesetzt wird und der alte und neue Prozeß parallel ablaufen würden, eingespart werden. Aufgrund immer kürzer werdender Produktlebenszyklen ist daher der Verkürzung der Anlaufphase und den damit gesparten Kosten eine große Bedeutung beizumessen.

*Reduzierung von Risiken im Personalbereich*

Ein Bereich im Unternehmen, auf den oft hohe Kosten entfallen, ist der Personalbereich. Der optimale Einsatz von Mitarbeitern an entscheidenden Positionen im Unternehmen läßt sich im Simulationsmodell sehr gut darstellen. Die in einem Modell durchgerechneten Abläufe geben einen hinreichend genauen Wert des Mitarbeiterbedarfs in den unterschiedlichsten Bereichen des Unternehmens an. Es besteht weiterhin auch die Möglichkeit, das Personal auf neue Situationen einzustellen und zu schulen. Der einzelne Mitarbeiter kann so bereits ein hohes Maß an Systemkenntnis im voraus erlangen. Durch die Simulation von Störungsfällen kann das Personal auf besondere Situationen hin geschult werden und so im Ernstfall schneller und sicherer die richtige Entscheidung treffen. Der Betrieb kann so im Störungsfall schneller wieder anlaufen, und der Kunde kann ohne bzw. mit nur kurzer Unterbrechung wieder mit Ware beliefert werden.

*Reduzierung von Risiken bei Lagergröße und Lagerbestand*

Ein reduzierter Warenbestand und Lagerplatzbedarf sowie eine erhöhte Lagerumschlagshäufigkeit bewirken eine Verminderung der Bestandslagerkosten. Da unnötige Bestände gebundenes und damit totes Kapital darstellen, sind Bestände und Lagerkosten so gering wie möglich zu halten. Die JIT- und JIS- Belieferungen tragen im heutigen Wirtschaftsleben erheblich zur Einsparung dieser Kosten bei. Um die Vorteile (z.B. Kostensenkung) dieser beiden Logistikkonzepte vollständig ausnutzen zu können, ist eine Umgestaltung des Lagers erforderlich, denn ein gut funktionierendes JIT- bzw. JIS- System ohne optimierte Lagerhaltung bringt nicht die gewünschten Ergebnisse. Die Optimierung des Lagers und der vorhandenen Bestände kann durch die Ermittlung von Ergebnissen aus dem Simulationsmodell erreicht werden. Durch das flexible und gefahrlose Simulieren von Warenbewegungen im Lager kann das Risiko von zu hohen Lagerkosten weiter reduziert werden.

*Reduzierung von Risiken bei den Transportmitteln*

Personal und Betriebsmittel lassen sich durch das räumliche und zeitliche Ordnen von Aufträgen, Transporten, Beständen und Prozessen effizienter nutzen, und die Transportsysteme werden dadurch besser ausgelastet. Leerfahrten können vermieden werden. Dies gilt sowohl für die Transportsysteme innerhalb des Unternehmens (wie z.B. Gabelstapler, FTS´s usw.) wie auch außerhalb des Unternehmens (LKW`s, Güterwaggons usw.). Eine Verkürzung der Durchlauf- und der Transportzeiten ist die Folge. Die Anzahl der einzelnen Transportsysteme kann reduziert werden, wodurch sich weiterhin Anschaffungs- sowie Wartungs- und Unterhaltskosten reduzieren.

*Reduzierung von Risiken durch einen ständigen Verbesserungsprozeß*

Die Unternehmen müssen bei steigender Konkurrenz immer flexibler und schneller agieren. Aufgrund eines ständigen Verbesserungsprozesses, der im Unternehmen herrschen sollte, können vorhandene und erstellte Simulationsmodelle wieder verwendet werden, um laufende Prozesse umzugestalten und zu optimieren. Die Kosten für die Änderung eines bestehenden Simulationsmodells sind oftmals nur gering. Durch Anbringen von Verbesserungen und Änderungen im Simulationsmodell wird das Kostenrisiko weiter vermindert.

*Zusammenfassung*

Die Ziele der Simulation beim Kostenrisiko lassen sich folgendermaßen in einer Liste zusammenfassen:

- Das Erstellen einer effizienteren Planung
- Das Aufzeigen von Varianten und unterschiedlichen Szenarien
- Erkennen von Fehlern, Schwierigkeiten und Problemen im Vorfeld
- Sichere Investition
- Sinnvolles Einsetzen des Kapitals in Projekte für das Unternehmen
- Schnellere Realisierung von Prozessen durch kürzere Anlaufzeiten
- Effektiveres Reagieren auf Marktgegebenheiten.

Die Simulation ist das entscheidende Instrument zum Treffen der richtigen Entscheidung, und die Summe richtiger Entscheidungen bewirkt den Erfolg im Unternehmen.

### 4.4.2 Reduzierung des Versorgungssicherheitsrisikos

Im Rahmen des Risikomanagements hat ein Handelsunternehmen bei der Einführung eines neuen Produktes in seinem Sortiment die Menge zu kalkulieren, die pro Tag für dieses Produkt nachgefragt wird. Wird dieses Produkt bei anderen Handelsunternehmen bereits vertrieben, kann mit Hilfe von Benchmarking ermittelt werden wie oft ungefähr dieses Produkt am Tag verkauft wird, oder es können durch längere Beobachtung Wahrscheinlichkeiten dafür gewonnen werden, wie oft dieses Produkt verkauft wird. Anhand dieser Wahrscheinlichkeiten kann mit Hilfe einer Simulation berechnet werden wieviel Stück dieses Produktes im Jahr benötigt werden. Diese Stückzahl ist vor allem deshalb so wichtig, weil ein Handelsunternehmen in der Regel mit seinen Lieferanten Rahmenverträge abschließt, in denen angegeben ist welche Menge eines Produktes das Unternehmen im Jahr abnehmen muß. Die Ermittlung dieser Jahresabnahmemenge durch Simulation soll anhand des nachfolgenden Beispiels dargestellt werden.

*Die Ausgangssituation*

Ein Handelsunternehmen möchte ab nächsten Monat das Produkt X neu in seinem Sortiment zum Verkauf anbieten. Aufgrund eines Benchmarkings, das für dieses Produkt X mit 5 anderen Unternehmen, die dieses Produkt ebenfalls vertreiben, durchgeführt wurde, konnten folgende täglichen Nachfragewahrscheinlichkeiten ermittelt werden:

| Nachfrage nach X pro Tag [Stk]: | 0 | 1 | 2 | 3 | 4 |
|---|---|---|---|---|---|
| Wahrscheinlichkeit : | 0,04 | 0,20 | 0,37 | 0,30 | 0,09 |

Anhand der Tabelle wird ersichtlich, daß die Wahrscheinlichkeit, daß das Produkt X an einem Tag keinmal nachgefragt wird, 4% beträgt, die Wahrscheinlichkeit, daß es 1 Kunde nachfragt, 20 % beträgt usw. Öfter als viermal wurde es bisher noch nie an einem Tag nachgefragt.

*Berechnung der jährlichen Bedarfsmenge*

Zunächst muß die Ausgangssituation in ein Modell übertragen werden.

Ziel der Simulation soll es sein, daß für jeden Tag eine Nachfrage generiert wird, die der Nachfragewahrscheinlichkeit entspricht.

Da es für dieses Handelsunternehmen 300 verkaufsoffene Tage pro Jahr gibt, soll diese Simulation für 300 Tage durchgeführt werden, um den gesuchten Jahresbedarf zu simulieren.

| Nr. i | Nachfrage-menge | Wahrschein-lichkeit | Wahrscheinlichkeit kumuliert | Intervall für Zufalls-zahlen |
|---|---|---|---|---|
| **1** | **0** | 0,04 | 0,04 | 0,00 – 0,04 |
| **2** | **1** | 0,20 | 0,24 | 0,05 – 0,24 |
| **3** | **2** | 0,37 | 0,61 | 0,25 – 0,61 |
| **4** | **3** | 0,30 | 0,91 | 0,62 – 0,91 |
| **5** | **4** | 0,09 | 1,00 | 0,92 – 1,00 |

Tab. 4-1: Tabelle mit Wahrscheinlichkeiten für Nachfragemengen

Die Tab. 4-1 zeigt in der 1. Spalte die Nr. i der Tagesnachfragemenge, deren Werte in Spalte 2 angegeben sind. Die 3. Spalte enthält die (diskrete) Wahrscheinlichkeitsverteilung der täglichen Nachfragemengen und Spalte 4 die zugehörige Verteilungsfunktion in Form der kumulierten Wahrscheinlichkeiten. Die letzte Spalte enthält die mit der Verteilungsfunktion aus Spalte 4 gebildeten Intervalle, die mittels einer gleichverteilten Zufallszahl z aus dem Intervall [0;1) die Zuordnung einer Tagesnachfragemenge ermöglichen, und zwar nach folgender Regel: Fällt die gezogene Zufallszahl z in das Intervall Nr. i, dann wird ihr die Tagesnachfragemenge mit dieser Nr. i zugeordnet. Beispiel: Liegt die ermittelte Zufallszahl zwischen 0,00 (einschließlich) und 0,04 (ausschließlich), dann hat die für diesen Tag geltende Nachfragemenge die Nr.1 und beträgt somit 0 Stück, liegt die Zufallszahl zwischen 0,05 und 0,24, dann hat die zugehörige Nachfragemenge die Nr.2 und beträgt somit 1 Stück, usw. Nachdem die Tagesbedarfe durch Ziehung von 300 (gleichverteilten) Zufallszahlen (aus dem Intervall [0;1) ) auf diese Weise durch Simulation bestimmt sind, kann die Jahresnachfrage durch Summation der Tageswerte gebildet werden. Durch Wiederholung dieser Vorgehensweise mit einer gewählten Anzahl von Simulationsläufen (natürlich mit unterschiedlich bestimmten Zufallszahlen für jeden Durchlauf zur Berechnung einer Jahresbedarfsmenge) kann man eine Meßreihe in Form einer Stichprobe von Werten für die Jahresbedarfsmenge erzeugen und daraus mit Hilfe von Mittelwert und Standardabweichung und unter Annahme der Normalverteilung für diese Stichprobe Vertrauensintervalle mit den üblichen Sicherheiten 95%, 99% für den mittleren Jahresbedarf gewinnen.

Eine Zusammenfassung und programmiergerechte Präzisierung des vorstehenden Algorithmus zur Monte-Carlo-Simulation der Jahresbedarfsmenge zeigt das nachfolgende Struktogramm. Das zugehörige PASCAL-Programm findet sich in Anhang A 1. Dieses lieferte mit den o.a. Daten folgende Ergebnisse:

Mittelwert der Jahresbedarfsmenge = 659,3 Stk
Standardabweichung des Mittelwerts = 1,580 Stk
95%-Vertrauensintervall für den Mittelwert (ganzzahlig gerundet):
Untergrenze = 656 Stk, Obergrenze = 663 Stk
99%-Vertrauensintervall für den Mittelwert (ganzzahlig gerundet):
Untergrenze = 655 Stk, Obergrenze = 664 Stk

**Beschreibung der Monte-Carlo-Simualtion:**

Der Name leitet sich vom monegassischen Stadtteil Monte Carlo ab, der durch seine Spielbank berühmt wurde.

Die Monte-Carlo-Simulation oder Monte-Carlo-Stud**ie**, auch: MC-Simulation, ist ein Verfahren aus der Stochastik, bei dem sehr häufig durchgeführte Zufallsexperimente die Basis darstellen. Es wird aufgrund der Ergebnisse versucht, mit Hilfe der Wahrscheinlichkeitstheorie analytisch nicht oder nur aufwendig lösbare Probleme im mathematischen Kontext numerisch zu lösen. Als Rechtfertigung wird dabei vor allem das Gesetz der großen Zahlen gesehen. Die Zufallsexperimente können entweder real durchgeführt werden, etwa durch Würfeln, oder durch die Erzeugung von Zufallszahlen. Heutzutage können computergenerierte Zufallsvorgänge in beinahe beliebig großem Umfang simuliert werden.

Struktogramm des Algorithmus zur Monte-Carlo-Simulation des Jahresbedarfs:

Bedarfs-(Nachfrage-) Monte Carlo-Simulation

1 Konstanten: Anzahl Simulationsläufe für Jahresbedarf:
anzSim = 100;
Zeitraum = Anzahl der zu simulierenden Tagesbedarfe:
m = 300 (1 Jahr), (m = 30: 1 Monat; m = 6:1 Woche);
Anzahl Nachfrage(mengen): n = 5;
Daten: Ausprägungen für Tagesbedarfe (Tagesnachfragen):
x(i), Nachfrage(menge) Nr. i = 1,2,…,n; x(i) = i – 1:
x(1) = 0, x(2) = 1, x(3) = 2, x(4) = 3, x(5) = 4;
Wahrscheinlichkeitsverteilung für die Tagesbedarfe:
p(i), i = 1,2,…,n: p(1) = 0,04; p(2) = 0,20; p(3) = 0,37; p(4) = 0,30; p(5) = 0,09

Verteilungsfunktion (kumulierte Wahrscheinlichkeit) der Tagesbedarfe

2 F(0):= 0.0

3 Wiederholung für i = 1,2,…,n

F(i) := F(i – 1) + p(i)

4 Ausgangswerte für Mittelwert und Abweichungsquadratsumme des Gesamtbedarfs: BedarfMittel := 0.0; SS := 0.0

*** Simulationsrechnung ***

Abb. 4-3-1: Monte-Carlo-Simulation

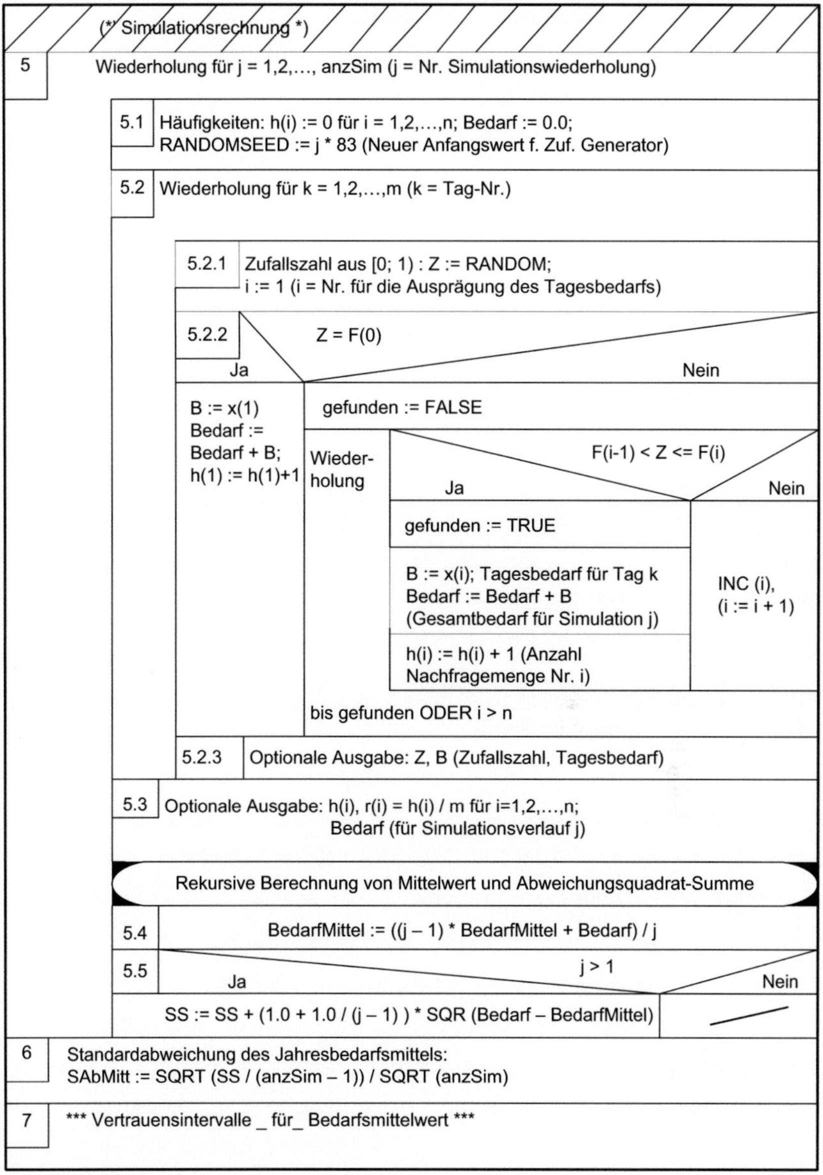


Abb. 4-3-2: Monte-Carlo-Simulation

7 ***Vertrauensintervalle _für_ Bedarfsmittelwert ***

7.1 <u>Fraktilen der Normalverteilung:</u>

Sicherheit 95% : Z025 = 1.960
99% : Z005 = 2.576;

<u>Halbe Länge für Vertrauensintervall:</u>

Sicherheit 95% : Delta025 := Z025 * SAbMitt
99% : Delta005 := Z005 * SAbMitt;

<u>Vertrauensintervall für Sicherheit 95% :</u>

Untere Grenze: U95 := BedarfMittel – Delta025
Obere Grenze: O95 := BedarfMittel + Delta025;

<u>Vertrauensintervall für Sicherheit 99% :</u>

Untere Grenze: U99 := BedarfMittel – Delta005
Obere Grenze: O99 := BedarfMittel + Delta005

7.2 Ausgabe: BedarfMittel, SAbMitt, (U95; O95), (U99; O99)

Abb. 4-3-3: Monte-Carlo-Simulation

### 4.4.3 Reduzierung des Personalrisikos

#### 4.4.3.1 Die Ausgangssituation

Gegenwärtig zielt die Simulation hauptsächlich auf die Verbesserung von technischen Abläufen innerhalb von Produktions-, Handels- und Logistikprozessen ab. Dabei wird jedoch das Personal nur selten bei Optimierungsbetrachtungen mit einbezogen, obwohl es in den meisten Prozessen noch immer den entscheidenden Erfolgsfaktor darstellt [Ku98], denn der Mensch stellt in einem Arbeitssystem das einzig aktive Element dar.

Meist wird der Personaleinsatz erst im Anschluß an die Simulation der eigentlichen Prozesse im Unternehmen betrachtet. Dies geschieht gewöhnlich anhand einer abgeleiteten Planung und besteht dabei häufig nur aus einer überschlägigen Bestimmung des notwendigen Personalbedarfs. In letzter Zeit geht die Entwicklung in den Unternehmen jedoch dahin, der Veränderung der Arbeitsstrukturen mehr Beachtung zu schenken.

Im Folgenden soll die Bedeutung und Nützlichkeit einer sachgerechten Personalsimulation dargestellt werden.

#### 4.4.3.2 Ziele und Nutzen der Simulation im Personalbereich

Ziel der Simulation ist es, Chancen und Risiken, die im Zusammenhang mit dem Personal auftreten, frühzeitig zu erkennen, Änderungen vorzunehmen und diese anschließend in die Realität umzusetzen [Ku98]. Ein Nutzen ergibt sich daraus, daß bei der Simulation bereits vorab das benötigte Personal sowohl qualitativ als auch quantitativ bestimmt werden kann. Dadurch können immense Kosten eingespart werden, denn nichts ist teuerer als laufende Arbeitsvorgänge in der Wertschöpfung zu unterbrechen, um Kontrollen und Änderungen durchzuführen [Gei84].

Durch die Simulation besteht die Möglichkeit, verschiedene Komponenten mehrdimensional, d.h. mehrere, verschiedene Merkmale vereint, betrachten zu können. Prinzipiell bietet sie die Möglichkeit, die dynamischen Wechselwirkungen zwischen dem Logistikprozeß, dem Arbeitsplatz und dem verfügbaren Personal unter folgenden Gesichtspunkten zu untersuchen [IN27]:

Der technische (logistische) Aspekt gibt Auskunft darüber welche Auswirkungen das Personal auf logistische Kenngrößen wie zum Beispiel Durchsatz, Durchlaufzeit und Termintreue hat. Kostenseitig betrachtet läßt sich feststellen welche Ersparnis sich bei einer schwankenden Auftragslast durch eine Flexibilisierung der Personalkapazitäten ergibt. Auch die organisatorische Komponente kann durch Simulation untersucht werden. Eine dynamische Personaldisposition beispielsweise gewährleistet eine effizientere Ausnutzung bestehender Ressourcen.

#### 4.4.3.3 Einsatzgebiete der Simulation im Personalbereich

Die Personalsimulation kann auf unterschiedlichen Gebieten eingesetzt und durchgeführt werden. Ein Einsatz ist im Bereich der Personalbedarfsplanung und der Personaldisposition vorstellbar. Weiterhin können Auswirkungen in Bezug auf die Änderungen von Arbeitszeitmodellen bestimmt und die langfristige Personal- und Altersstrukturentwicklung im Unternehmen analysiert werden [IN27].

*Simulation bei der Personalbedarfsplanung*

Die Personalbedarfsplanung ist der zentrale Bereich der Personalplanung. Ausgehend vom aktuellen Personalbestand wird durch die Personalbedarfsplanung ermittelt, wie viele Mitarbeiter, mit welchen Qualifikationen, an welchen Orten, wann und wie lange voraussichtlich benötigt werden. Dabei ist zu unterscheiden zwischen quantitativem Personalbedarf (Anzahl Mitarbeiter, Einsatzort, Dauer des Einsatzes) und qualitativem Personalbedarf (Qualifikationen), wobei in der Praxis beide Gesichtspunkte gemeinsam betrachtet werden müssen [IN17].

Durch die Simulation kann der Soll-Personalbestand (Einsatzbedarf und Reservebedarf) festgestellt werden, der zur optimalen Erfüllung der Unternehmensaufgabe notwendig ist. Informationen über eventuelle Abgänge (z.B. Pensionierungen, Kündigungen) und Zugänge (z.B. geplante Neueinstellungen) und weitere Einflußgrößen, wie z.B. die Organisationsstruktur sowie Unternehmensziele und -strategien sind in die Simulation mit einzubeziehen. Dadurch können frühzeitig geeignete Personalentwicklungsmaßnahmen (z.B. Qualifikation, Einstellungen, Verlagerungen usw.) ergriffen werden und langfristig der Personalbedarf aufgrund der prognostizierten Auftragsvolumina bestimmt werden.

Im Rahmen der gesetzlichen, tarifvertraglichen und betriebswirtschaftlichen Gegebenheiten besteht hier durch Simulation die Möglichkeit, langfristige (etwa im Bereich 2 – 5 Jahre) Veränderungen zu bewerten, Auswirkungen deutlich zu machen und nicht zuletzt auf der Basis einer objektiven Bewertungsgrundlage eine Optimierung herbeizuführen.

*Simulation bei der Personaldisposition*

Durch die Personaldisposition läßt sich die richtige Anzahl an Arbeitsplätzen, die richtige Wahl der Arbeitsmethode (Gruppenarbeit, Einzelarbeit) und ebenso die richtige Art des Personals (Stamm- und Springerpersonal) feststellen [Gu99].

Vor allem zu Boomzeiten, wie z.B. zur Weihnachts- oder zur Osterzeit kommt es häufig zu Engpässen bei den Arbeitskräften. Um Unterbesetzungen zu vermeiden, ist hier die Simulation ein geeignetes Mittel. Durch vorherige Schätzung und Planung des Bedarfs an Stamm- und Reservepersonal, das bei Bedarf einspringen und aushelfen kann, können auch hier Kosten eingespart werden, da Unterbesetzung vermieden wird, d.h. es kann die optimale Kombination aus Festangestellten und Leiharbeitern aufgrund schwankender Auftragslast herausgefunden werden.

Die Simulation kann dem Personaldisponenten auch bei der Auswahl der Arbeitsmethode behilflich sein. Sie kann die Frage beantworten ob für eine Arbeitsaufgabe die Gruppen- oder die Einzelarbeit besser ist. Durch Wahl des richtigen Systems kann ein optimales Arbeitsergebnis erzielt und die Arbeitseffektivität bei den Mitarbeitern gesteigert werden [IN27].

*Einsatz der Simulation zur Untersuchung der Personal- und Altersstruktur*

Ebenso stellt sich die Frage ob für die einzelnen Tätigkeiten auch die richtigen Mitarbeiter mit den richtigen Qualifikationen eingesetzt sind. Durch Simulation der Personalstruktur kann frühzeitig festgestellt werden, ob es notwendig ist, betroffene Mitarbeiter zu Schulungen zu schicken. Durch rechtzeitige Fort- und Weiterbildung können neue Aufgaben besser gemeistert werden und die gesteckten Ziele in der Zukunft schneller erreicht werden. Auf der anderen Seite ist es auch sinnvoll, die Altersstruktur zu durchleuchten. Mit dem Blick in die Zukunft können Veränderungen beim Personal aufgrund von z.B. Altersteilzeit, Pension oder Vorruhestand erkannt werden. Dadurch kann die Einstellung neuer Mitarbeiter schon frühzeitig geplant werden und somit eine eventuelle Unterbesetzung vermieden werden, wenn nicht schnell genug Ersatz gefunden wird.

#### 4.4.3.4 Zusammenfassung

Bei der Anwendung der personalorientierten Simulation sind Organisationseinheiten (Arbeitsplätze oder Betriebsmittel), Funktionen und Personen im Modell detailliert abzubilden. Diese weisen untereinander bestimmte Beziehungen und Abhängigkeiten auf, wie Ausführbarkeit von Tätigkeiten an bestimmten Arbeitsplätzen, Zuständigkeit von Personen für zugeordnete Arbeitsplätze sowie Fähigkeiten und Befugnisse von Personen, bestimmte Tätigkeiten auszuführen [IN27].

Der prinzipielle Nutzen der Simulation liegt in der Absicherung von Entscheidungen in der Personalbedarfsplanung und -disposition sowie in der Bestimmung des optimalen Zusammenwirkens von Logistikprozessen, Arbeitsplätzen und Personal. Durch den Einsatz von Simulation können sowohl unvorhergesehene als auch sich wiederholende Ereignisse im Bereich des Personals abgebildet und als Konsequenz rechtzeitig geeignete Maßnahmen ergriffen werden.

## 4.5 Die Simulationssoftware DOSIMIS-3

Die Durchführung einer Simulation dient besonders dazu, Schwachstellen des bestehenden Systems oder die Probleme eines neuen Systems aufzuzeigen. Mit Hilfe dieser Methode gelingt es sehr anschaulich, den kompletten und meist sehr komplexen Sachverhalt eines Geschäftsprozesses mit seinen Komponenten zu erfassen. Primäres Ziel dabei ist es, eventuelle Probleme im realen System erst gar nicht entstehen zu lassen. Aufgrund der Vielzahl der Parameter, die bei einer Simulation berücksichtigt werden können, ist es möglich, den jeweiligen Vorgang im Modell und somit bereits vor der Einführung in das reale System zu testen und gegebenenfalls zu optimieren. Sollten also bei der Durchführung einer Simulation Schwachstellen im geplanten System, wie z.B. Engpässe (z.B. zu geringer Puffer zwischen zwei Arbeitstationen) in der Auftragsdurchführung auftauchen, kann man sofort die Ursache erkennen und den Fehler korrigieren. Um dieses jedoch so effizient wie möglich und mit den niedrigsten Kosten zu erreichen, bedarf es einer geeigneten Simulationssoftware. Diese muß es ermöglichen, alle wichtigen Einflußgrößen eines Systems zu berücksichtigen und diese gegebenenfalls auch anhand von Parametern der Situation anzupassen und somit den Geschäftsprozeß zu optimieren. Um die Anwendung eines solchen Simulationsprogramms näher zu erläutern und dessen Funktionsweise aufzuzeigen, wird im folgenden Abschnitt das Softwaresystem DOSIMIS-3 der SimulationsDienstleistungsZentrum GmbH, Dortmund vorgestellt, für das eine eingeschränkte Version für Übungszwecke im Internet bereitgestellt wird (s. [IN26]).

DOSIMIS-3 richtet sich an den technischen Planer. Es ist ein bausteinorientiertes Simulationsinstrument, dessen Haupteinsatzfelder innerbetriebliche Logistiksysteme sind. DOSIMIS-3 erlaubt z.B. die komfortable Modellierung und Analyse von Warenwirtschaftssystemen sowie Transportsystemen, Montagelinien, Werkstückträgerumlaufsystemen, flexiblen Fertigungssystemen, Werkerkonzepten und anderen Produktionssystemen. Mit dem Einsatz dieser Software wird das Ziel der optimalen Anlagengestaltung unter Berücksichtigung des BWL-Grundprinzips angestrebt, was hier minimale Investitionen bei maximaler Leistungsfähigkeit für den Anlagenbetrieb bedeutet.

### 4.5.1 Die Bausteine von DOSIMIS-3

DOSIMIS-3 besitzt eine umfangreiche Bausteinbibliothek. Diese Bausteine jedoch alle im Detail zu beschreiben, würde hier zu weit führen, weshalb im Folgenden nur die wichtigsten Bausteine und Funktionen behandelt werden.

- Standardbausteine:

  Hierzu stehen mehr als 25 vordefinierte Bausteine zur Verfügung, mit denen die unterschiedlichen Funktionen innerhalb des Materialflusses abgebildet werden können. Dies sind Funktionen wie Fördern (staufähig, nicht staufähig, ...), Verteilen und Zusammenführen (Ausschleusen, Einschleusen, Verteilwagen, ...) und Bearbeiten (Arbeitsstation, Montage, Demontage).

- Darüber hinaus gibt es spezielle Bausteingruppen zur Abbildung von Transportsystemen, PETRI-Netzen und weiteren Sonderfunktionen. Zusätzlich existieren Funktionsbausteine für allgemeine und übergeordnete Abläufe wie Störungen, Werkermodul und Steuerungen.
- Wahrscheinlichkeitsverteilungen dienen zur Beschreibung von Zufallseinflüssen.
- Validierungsunterstützung
- Die Ergebnisdarstellung und die Modellanalyse von DOSIMIS-3 können in verschieden Formen erfolgen, darunter tabellarische Aufbereitung und grafische Darstellungen.

Darüber hinaus besitzt DOSIMIS-3 einige spezielle Bausteingruppen zur Abbildung folgender Modellelemente:

- Störungen, Pausen- und Schichtmodelle:
  Mit Hilfe von Störungselementen kann das Ausfallverhalten einzelner Bausteine oder ganzer Gruppen von Bausteinen definiert werden. Zusätzlich können unterschiedliche Pausen- und Schichtmodelle für Bausteine oder Gruppen von Bausteinen hinterlegt werden, um das dynamische Verhalten eines Systems zu analysieren.
- Transportsysteme:
  Hierfür gibt es besondere Bausteine zur Übergabe und Übernahme des Transportgutes, übergeordnete, automatische Steuerung der Fahrzeuge, automatisches Finden des schnellsten Weges, vielfältige Möglichkeiten, besonderes Verhalten lokal zu beeinflussen, sowie Energieüberwachung (optional).

Diese und noch zahlreiche, weitere Auswahlmöglichkeiten für Bausteinkomponenten ermöglichen dem DOSIMIS-3-Nutzer durch geeignete Kombination eine hinreichend detailgetreue Darstellung des Realsystems.

### 4.5.2 Validierungsunterstützung

Die wichtigsten Hilfsmittel zur Validierung eines DOSIMIS-3- Simulationsmodells sind die folgenden:

- Konsistenzcheck vor dem Simulationslauf:
  Die Parameter der Bausteine werden schon vor dem Simulationslauf auf Konsistenz geprüft. So werden mögliche Fehler schon während der Eingabe abgefangen oder vor dem Simulationslauf erkannt. Damit werden sinnlose Simulationsläufe erst gar nicht gestartet.
- Konsistenzcheck während des Simulationslaufs:
  Fehlersituationen, die erst während der Simulation erkannt werden können, werden protokolliert. So erhält der Anwender weitere Hinweise auf mögliches Fehlverhalten des Modells.
- In verschiedenen Testmodi kann der Einfluß diverser Parameter auf die Dynamik im Modell untersucht werden. So können zum Beispiel Störungen oder Pausen im Ganzen oder selektiv abgeschaltet werden. Um die Einflüsse von Zufallsprozessen auszuschließen, können diese auf *getaktet* gesetzt werden. Mit der Möglichkeit, einzelne Teilmodelle innerhalb eines großen Gesamtmodells einzeln zu untersuchen, können auch größere Modelle im Nachhinein in kleineren Bereichen analysiert werden. Der Einfluß des Personals auf die Dynamik des Modells kann unterbunden werden.

### 4.5.3 Funktionsweise und Ablauf der Simulation

Vordefinierte Grafiksymbole werden vom Bediener entsprechend der gewünschten Funktionalität ausgewählt und am Bildschirm platziert, wodurch bereits das Animationslayout generiert wird. Die folgende Abb. 4-4 zeigt als Beispiel das Layout eines Tiefkühllagers.

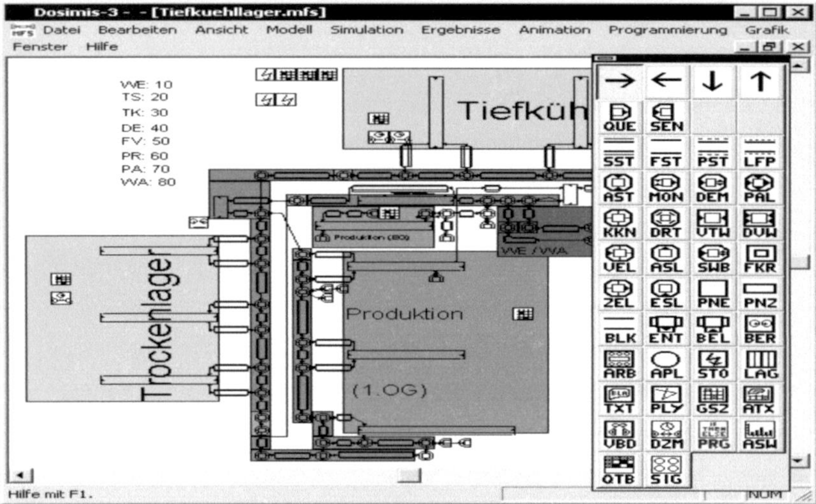


Abb. 4-4: Animationslayout in DOSIMIS-3 (s. [IN26])

Die Modellerstellung erfolgt mit Hilfe des zur Verfügung stehenden Vorrats an Bausteinen am Bildschirm. Hierzu werden mehr als 25 vordefinierte Bausteine angeboten, mit denen die unterschiedlichen Funktionen eines Simulationsmodells abgebildet werden können.

*Parametrisierung der Modellbausteine:*

Parallel zur Layouterstellung ist es möglich, die einzelnen Bausteine über Parameterfenster genauer zu definieren. Die folgende Abb. 4-5 zeigt beispielhaft eine Parametereingabe für den Bausteintyp Staustrecke. Erleichtert wird die Eingabe und Korrektur der Parameter durch die Verwendung von Formeln oder vordefinierten Konstanten.

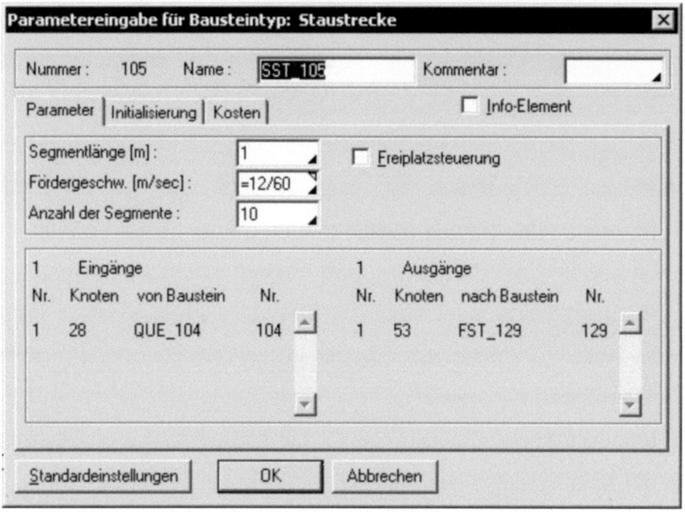


Abb. 4-5: Parameterfestlegung in DOSIMIS-3 (s. [IN26])

*Steuerung von Abläufen im Simulationsmodell:*

In Abhängigkeit von der Funktionalität stehen bereits vordefinierte Strategien zur Verfügung. So kann zum Beispiel in allen verteilenden Bausteinen auf einen Vorrat von mehreren vordefinierten Strategien zurückgegriffen werden, die den größten Teil der in der Materialflußsteuerung vorkommenden Alternativen abdecken.

Die folgende Abb. 4-6 zeigt vom Simulationssystem DOSIMIS-3 Verteil- und Vorfahrtsstrategieen sowie Wahrscheinlichkeitsverteilungen für Annahmezeiten.

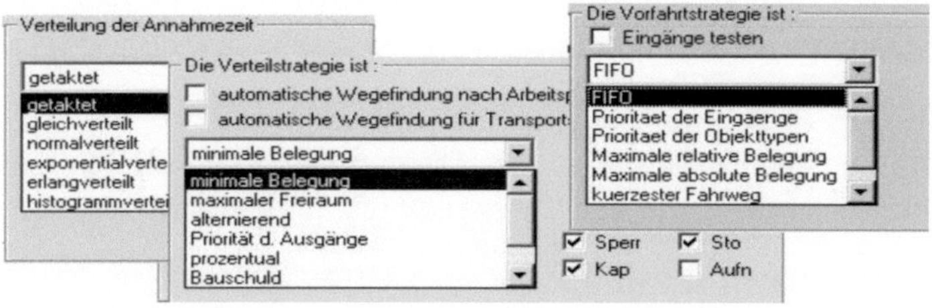


Abb. 4-6: Ablaufsteuerung in DOSIMIS-3

*Simulationsdurchführung:*

Für die Festlegung der Abläufe im Simulationsmodell stehen 2 verschiedene Modi zur Verfügung:

- Der Modus *Online*-Simulation bietet Unterstützung bei der Entwicklung des Modells. Alle Modellparameter und Steuerungen können interaktiv geprüft und korrigiert werden. In der parallel laufenden Animation können die Abläufe an den verschiedenen Stellen im Layout betrachtet werden. Ausgewählte Parameter der Bausteine und Objekte können während der Simulation geändert werden.
- Der Modus *Offline*-Simulation ist für die Experimentphase konzipiert. Da dort die Möglichkeiten der Interaktion nicht geprüft werden müssen, kann ein effizienter und schneller Berechnungslauf durchgeführt werden.

*Ergebnisauswertung:*

Für die Analyse des Modells stehen über 40 verschiedene Standardgrafiken zur Verfügung, die zur Analyse des Modells herangezogen werden können. Dies sind zum einen Belegungs- und Zustandsdiagramme, mit denen sehr genau einzelne Ereignisse untersucht werden können. Zum anderen bieten die Ergebnisbalkendiagramme eine Darstellung der Durchsätze, Auslastungen und bausteintypischen Zustände über den Zeitraum der eingestellten Simulationsintervalle.

*Analyse- und Ergebnisgrafiken:*

In DOSIMIS-3 sind über 40 Standardgrafiktypen hinterlegt, in denen die Auslastung und Belegung von Bausteinen, Durchsatzzahlen, Durchlaufzeiten, usw. grafisch dargestellt werden. Mit Hilfe der Puffer- und der Taktzeitanalyse kann sowohl das Zeitverhalten des Modells untersucht werden, als auch wichtige Erkenntnisse in Bezug auf die Dimensionierung einzelner Bereiche gewonnen werden. Neben den Materialflußbausteinen besitzen auch viele Funktionsbereiche eigene, bausteinspezifische Grafiken. So wird zum Beispiel die

Fahrzeugauslastung in Transportsystemen oder die Personalauslastung bei Arbeitsbereichen in einer speziellen Grafik dargestellt.

*Simulationsexperimente:*

Wenn das Modell vollständig validiert ist, folgt die Phase der Experimente. Dies sind wiederholte Simulationsläufe, in denen z.B. einzelne Parameter wie Puffergröße, Arbeitszeiten oder Personalstärke variiert oder auch weitergehende Modellabwandlungen vorgenommen werden.

- Über die Excel-Schnittstelle können alle wesentlichen Parameter des Modells geändert werden. Zusätzlich können die Simulationsläufe angestoßen und die Simulationsergebnisse abgerufen werden. Die Excel-Schnittstelle arbeitet mit einem Befehlszeileninterpreter. Dazu werden Befehle in eine Excel - Tabelle eingetragen und beim Ausführen Zeile für Zeile interpretiert ( [IN26] ).
- Mit Hilfe der COM-Schnittstelle können Simulationsläufe über einen COM-Client gesteuert werden. Dies kann z.B. die Programmiersprache Visual Basic sein. Im Gegensatz zur Excel-Schnittstelle stehen alle Kontrollstrukturen der Programmiersprache zur Verfügung, sodaß Variationen von Parametern noch einfacher definiert werden können. Selbstverständlich können auch die Statistikdaten abgerufen werden, sodaß eine vollständige Dokumentation der Simulationsläufe automatisch erstellt werden kann.
- Optimierung:
  Über das in DOSIMIS-3 integrierte Optimierungsmodul können vollautomatisch Experimentreihen mit vorgegebener Zielfunktion definiert und berechnet werden. Dabei wird durch die Variation der verschiedenen Parameter mit Hilfe der Gradientenmethode die beste Konstellation bestimmt, unter der die Zielfunktion erfüllt ist ( [IN26] ). Einer ausführlichen Darstellung des Simulationssystems DOSIMIS mit einem durchgehend behandelten Beispiel ist der Band 13 der Schriftenreihe *Economy and Labour* (s. [NMW08]) gewidmet.

### 4.5.4 Bewertung

Abschließend kann festgestellt werden, daß der Einsatz einer Simulationssoftware eine Vielzahl von Vorteilen mit sich bringt. Hierdurch ist es sehr gut möglich, neue Ideen zu testen, ohne in den laufenden Prozeß eingreifen zu müssen. Weiterhin erhält man fundierte Kenntnisse über das zu erwartende Systemverhalten und kann alternative Strategien auf Qualität und Quantität hin untersuchen. Ein großer Vorteil hier ist vor allem, daß Fehlplanungen frühzeitig erkannt werden und somit das Risiko späterer Fehlfunktionen des Systems schon vor der Einführung eliminiert wird ([IN9]).

Im Rahmen des Risikomanagements im Handel läßt sich unter Anwendung der Simulationstechniken der Geschäftsprozeß ganzheitlich vor dem Hintergrund des BWL-Grundprinzips optimieren. Durch immer komplexer werdende Vorgänge im Unternehmen und die kurzen Produktzyklen gewinnt die Simulation im heutigen Wirtschaftsleben stark an Bedeutung. Die Simulation ist damit ein aussagekräftiges und praxisnahes Instrument, um Risiken auch im Handel zu handhaben.

# 5 Tourenplanung

## 5.1. Einleitung

Im Handel ist der Hauptgeschäftsprozeß der Transport, da die Bereitstellung der Ware vor Ort die eigentliche Leistung darstellt. Deshalb ist eine optimale Tourenplanung im Handel von hoher Bedeutung, damit ein Schaden vermieden wird. Verschiedene Faktoren haben Einfluß auf den Transport. Diese Planungsunsicherheit stellt ein Risiko dar. Eine nicht optimale Tourenplanung würde einen Schaden darstellen und vor allem zu unnötig hohen Kosten führen.

Tourenplanung im Handel bedeutet die geistige Vorwegnahme der zukünftigen Durchführung von Transportaufträgen oder Kundenbesuchen. Um zukünftige Aufträge überhaupt planbar zu machen, und die Risikofaktoren zu minimieren, gibt es verschiedene mathematische Lösungsansätze. Zunächst wollen wir auf die Einflußfaktoren und die Problemstellung eingehen, bevor wir drei ausgewählte theoretische Lösungsansätze behandeln. Weiterhin stellen wir Softwarelösungen vor, um einen Bezug zur Praxis herzustellen. Eine selbst durchgeführte Befragung soll aufzeigen, wie mit dem Thema der Tourenplanung in der Praxis umgegangen wird.

## 5.2 Einflußfaktoren des Vehicle-Routing-Problems (VRP)

*Abladestellen*

Grundsätzlich sind in der Tourenplanung die Faktoren Anzahl, Streuung und Volumina der Abladestellen zu berücksichtigen, wobei es erhebliche Unterschiede in der Ausprägung dieser Faktoren geben kann, je nach Unternehmensgröße, Branche, Vertriebskanälen usw.

*Anzahl der Depots (MDVRP: Many Depot VRP)*

Aufgrund der Gegebenheit, daß viele Lieferanten über mehrere Depots verfügen, muß die Möglichkeit mehrerer Depots in die Problematik miteinbezogen werden. Denkbar ist dies im Handel bei der Lagerung verschiedener Warentypen, verteilt auf verschiedene Lager (z.B. Getränkedepot, Nahrungsmitteldepot und ein Depot für Kühl- und Tiefkühlkost).

*Der Zeitfaktor*

Im Zusammenhang mit dem Zeitfaktor spielen bei der Tourenplanung sog. Zeitfenster (VRPTW: VRP TimeWindow) eine große Rolle. So kommt es häufig vor, daß aufgrund gesetzlicher oder organisatorischer Rahmenbedingungen die Notwendigkeit besteht, Anlieferzeiten beim Vehicle-Routing-Problem zu berücksichtigen. z.B. Zuweisung von Laderampen in Einkaufszentren, Anlieferung in einer Fußgängerzone 6 – 10 Uhr.

*Die Leergutrücknahme (VRPDP : VRP wirth delivery and pickup)*

Die Leergutrücknahme spielt bei der Tourenplanung eine immer größere Rolle, da aufgrund des Umweltbewußtseins seitens der Kunden, aber auch aufgrund gesetzlicher Regelungen, durch die die Rücknahme von Verpackungen und Restwertstoffen vorausgesetzt oder gesetzlich vorgeschrieben wird.

*Anliefersplitting (SDVRP: Split delivery VRP)*

Teillieferungen sind aufgrund verschiedener Gesichtpunkte denkbar. So kann eine mehrmalige tägliche Anlieferung durch die Kapazitäten der Produktion bedingt sein (Bsp. Großbäckerei mit Anlieferung früh morgens und mittags). Aber auch unterschiedliche Transportanforderungen können ein Anliefersplitting erfordern, so z.B. Tiefkühlkost und normal temperierte Ware.

*Präferenzen in der Anlieferung*

Unterschiedliche Kundengruppen, denen gewisse Prioritäten entsprechen, erfordern bestimmte Anlieferreihenfolgen. In der Tourenplanung müssen diese Präferenzen auch berücksichtigt werden.

*Anforderungen an den Transport*

In vielen Bereichen bestehen besondere Anforderungen an den Transport. Diese können sowohl auf gesetzlichen Bestimmungen beruhen, sich aber auch aus den Lageranforderungen der Ware ergeben. Gesetzliche Bestimmungen betreffen z.B. den Bereich von Gefahrgütern. Hier sind von Verordnungen sowohl das Transportmittel (Gefahrguttauglichkeit) als auch die Transportroute betroffen. Weitere Beispiele sind Kühlung, Hygiene oder Werttransporte.

*Personaleinsatz*

Eine weitere Einflußgröße für das Vehicle-Routing-Problem ist der Personaleinsatz. Aufgrund der hohen Lohnkosten ist dies ein wesentlicher Bestandteil der Tourenplanung. Hier gilt es, zwischen interner und externer Personalbereitstellung zu unterscheiden. Bei externem Personal sind Vollzeit-, Teilzeit- und geringfügig Beschäftigte in Betracht zu ziehen, z.B. bei externen Mitarbeitern von Zeitarbeitsfirmen. Interne Arbeitskräfte verursachen langfristig geringere Kosten, externe Mitarbeiter hingegen werden eingesetzt, um kurzfristige Schwankungen auszugleichen. Stets gilt es jedoch, das Personal optimal einzusetzen, um Verschwendungen zu vermeiden.

*Betriebsmitteleinsatz*

Das Vehicle-Routing-Problem wird auch durch das Ziel geprägt, die vorhandenen Betriebsmittel optimal auszulasten, um dadurch die Kosten so gering wie möglich zu halten. Folgende Faktoren spielen hier eine Rolle:

- Struktur des Fuhrparks (40 to, 7,5 to , Sprinter...)
- Kapazität und Auslastung je Fahrzeug (CVRP : Capacitated VRP)
- Kapazität und Auslastung des Fuhrparks.

Die Auslastung je Fahrzeug und des Fuhrparks sind nicht getrennt zu betrachten, weil die Summe der Teiloptima nicht dem Gesamtoptimum entspricht.

## 5.3 Hinführung zu theoretischen Lösungsansätzen

All die genannten Restriktionen machen die Aufgabe der Tourenplanung sehr komplex und stellen daher für den Disponenten im Handel jedes Mal aufs neue eine Herausforderung dar. Die Ausgangssituation ist für ihn dabei immer ähnlich: Von einem oder mehreren Depots aus sollen eine bestimmte Anzahl von Kunden mit einer Transportflotte beliefert werden.

Dabei sind wie bereits im vorigen Abschnitt erwähnt, bestimmte Rahmenbedingungen sowie Einflüsse von außen wie z.B. bereits bekannte Straßensperrungen und Straßenauslastungen, Gesetze und Wetterlagen zu beachten.

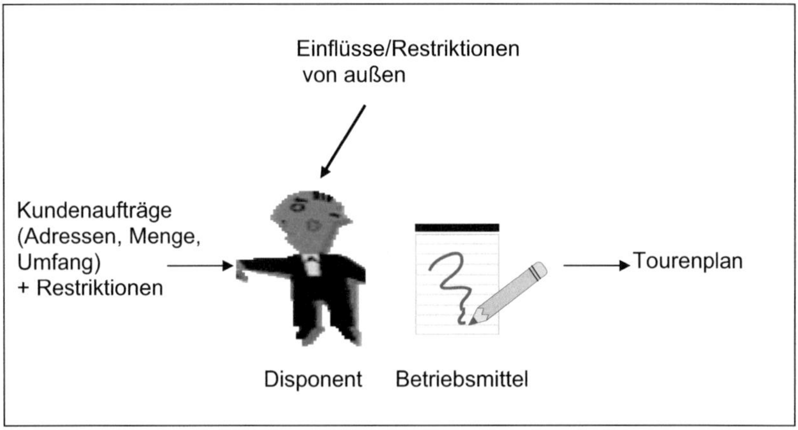


Abb. 5-1: Überblick über Tourenplanerstellung

Werden die Objekte in einer einzigen Tour von einem Fahrzeug bedient, so spricht man von dem Traveling Salesman Problem (TSP) [Sch03]. Das TSP behandelt die klassische Problemstellung eines Handelsreisenden.

Für die Tourenplanung im Handel ist allerdings eine andere Variante von größerer Relevanz, nämlich das Vehicle Routing Problem (VRP). Beim VRP geht es darum, anzufahrende Orte auf mehrere Fahrzeuge zu verteilen.

Folglich konkretisieren sich die Aufgaben des VRP auf:

- Zuteilung von Transportaufträgen zu Fahrzeugen (Clustering)
- Ermittlung der optimalen Route innerhalb eines Clusters (Routing).

Die Herausforderung der Tourenplanung besteht darin, eine gute Lösung durch eine optimale Kombination der verschiedenen Elemente wie Anzahl der Aufträge, Weg, Zeit, Kapazität, Präferenzen, usw. zu finden.

„Optimal" bedeutet hier Kombination von Elementen unter Einhaltung des betriebswirtschaftlichen Grundprinzips:

| Aufwände minimieren | und | Erträge maximieren |
|---|---|---|

Die Zielstellung lautet also:

- Einsatz von möglichst wenigen LKWs, weil damit weniger Fixkosten für Fuhrpark und Personalkosten anfallen
- und gleichzeitig Ermittlung der kürzesten Gesamtstrecke, um die variablen Kosten minimal zu halten.

Beides sollte unter Berücksichtigung der Restriktionen v.a. des Zeitfaktors geschehen, der im Zielkonflikt zum betriebswirtschaftlichen Grundprinzip stehen kann. Da beim VRP mehrere Faktoren eine Rolle spielen, die nach Anzahl und Umfang optimal bestimmt werden müssen, liegt hier ein kombinatorisches Optimierungsproblem vor [IN34].

Optimierungsprobleme können durch Parallelisierung und Standardisierung in ihrer Komplexität reduziert werden. Dabei darf die Ganzheitlichkeit der Tourenplanung nicht außer acht gelassen werden, um nicht am Ende nur eine suboptimale Lösung zu erreichen.

Es gibt verschiedene Möglichkeiten, um kombinatorische Optimierungsprobleme zu lösen:

1) Exakte Verfahren

Sie liefern durch eine vollständige Überprüfung aller möglichen Lösungen durch systematische Enumeration garantiert das globale Optimum. Allerdings wächst bei steigender Problemgröße die Anzahl der Lösungen exponentiell an. Bei einer Problemstellung wie die des VRP im Handel ist der Lösungsraum so groß, daß eine exakte Lösung eines solchen Problems mittels Enumeration selbst mit hochleistungsfähigen Computern zumeist nicht in angemessener Rechenzeit möglich ist. Exakte Verfahren sind daher bei der oben dargelegten Problemstellung nur bis zu max. 30 Variablen anwendbar [Bo].

2) Problemspezifische Heuristiken

Ein *heuristisches* Verfahren oder kurz eine *Heuristik* ist ein Problemlösungsverfahren, das unter Verzicht auf einen strengen (mathematischen) Wirksamkeitsnachweis (z.B. mathematischen Konvergenzbeweis für eine Näherungsfolge) mit vertretbarem (Rechen-)Aufwand eine für praktische Zwecke akzeptable (Näherungs-)Lösung für Probleme liefert, die mit exakten Methoden (noch) nicht lösbar sind, kurz gesagt: Eine Heuristik ist ein Problemlösungsverfahren, das zwar unter strengen, mathematischen Gesichtspunkten „nicht ganz sauber" aber rationell und praktisch wirksam ist. Heuristiken lösen mehrdimensionale Optimierungsprobleme mit Strategien, die es ermöglichen, ohne den gesamten Lösungsraum abzusuchen, ein in der Regel sehr gutes Ergebnis in vertretbarer Zeit zu finden. Die Schwäche problemspezifischer Heuristiken ist, daß sie sich bei der Suche leicht in einem lokalen Optimum festlaufen können.

3) Metaheuristiken

Zur Lösung von Optimierungsproblemen mit mehreren lokalen Optima werden daher oft Metaheuristiken eingesetzt. Diese Art von Lösungsstrategien verfolgt das Ziel, ein Gesamtoptimum zu finden und liefert daher eine höhere Qualität der Lösungen. Im weiteren werden wir uns daher nur mit den Metaheuristiken beschäftigen.

### 5.3.1 Der Ameisen-(Ant-) Algorithmus

Der Ant-Algorithmus wird häufig auch als Ant Colony Optimization- Ansatz oder als Ameisen-Algorithmus bezeichnet. Dieser Ansatz ist 1992 zum ersten Mal veröffentlicht worden und wurde seitdem kontinuierlich verbessert. Im folgenden wird im Hinblick auf mehrdimensionale Optimierungsprobleme bei der Tourenplanung die Vorgehensweise bei diesem Algorithmus erklärt, sowie dessen Potential kurz aufgezeigt.

*Erläuterung des Verfahrens*

Der Ameisen-Algorithmus entstand durch die Beobachtung von realen Ameisenkolonien. Dabei wurde herausgefunden, daß Ameisen durch Duftstoffe (sog. Pheromone) den kürzesten Weg zur Futterstelle für alle nachfolgenden Ameisen markieren. Das Finden des kürzesten Weges erfolgt durch Erfahrung der einzelnen Ameisen. Sie bewerten den Weg und geben Pheromone in unterschiedlicher Stärke ab. Dabei nimmt die Intensität im Zeitablauf ab. Es ist also nötig, eine gute Wegstrecke immer und immer wieder als gut zu befinden und mit Duftstoffen zu versehen. Dagegen werden Wegstrecken, die nicht als gut befunden wurden, aufgrund der schwächer werdenden Pheromone verschwinden.

Diese Erkenntnis wurde in einen mathematischen Algorithmus umgewandelt, um mehrdimensionale Optimierungsprobleme lösen zu können. Die erste Anwendung erfolgte im Traveling Salesman Problem. Durch Simulation kann mit Vorgabe von Elementen der kürzeste Weg ermittelt werden. Dabei werden die einzelnen Zielorte (Futterstellen) mit der jeweiligen Entfernung zueinander erfaßt. Die Definition eines Anfangs- oder Endpunktes ist nicht nötig, da in der Regel in der Simulation von jedem Zielort je ein Agent (Ameise) ausgesandt wird. Dieser muß alle Zielorte je einmal passieren und die Wegstrecke zwischen den Zielorten bewerten. In der Simulation wird dafür ein Bewertungssystem eingeführt. Dieser Vorgang wird wiederholt durchgeführt, wobei die Bewertung der vorgehenden Agenten in die Entscheidung der Agenten, welcher Zielort als nächster anzusteuern ist, mit einbezogen wird. Am Ende liegt der als am besten bewertete Weg als Optimum des Verfahrens vor.

*Einsatzgebiete und Lösungsbewertung*

Beim Einsatz des Ant-Algorithmus zur Lösung eines TSP wurden sehr gute Ergebnisse erzielt. Dabei wurden Anzahlen von Zielorten in verschiedenen Größenordnungen getestet. Die Werte lagen zwischen 25 und 2392 Zielorten. Jedoch muß angefügt werden, daß nicht immer die beste Strecke gefunden wurde, aber auf jeden Fall ein Wert, der sehr nahe am Optimum lag. Die Abweichung vom Optimum betrug dabei weniger als 3% der optimalen Weglänge. Der Ant-Algorithmus wurde auch zur Lösung eines Vehicle Routing Problems herangezogen. Hier gab es je ein Depot für 50 bis 199 Kunden (Zielorte). Einbezogen wurden hierbei verschiedene, zusätzliche Restriktionen, wie z.B. die maximale Wegstrecke zwischen zwei Kunden. Die Ergebnisse waren im Vergleich zu anderen Methoden wesentlich genauer. Die Abweichungen lagen unter 5% vom Optimum.

### 5.3.2 Der genetische Algorithmus

Da exakte Methoden beim Vehicle Routing Problem zu zeitaufwendig sind, orientiert man sich an dem Vorbild der Natur, um eine hinreichend gute Lösung zu finden. Die natürliche Evolution wird dabei simuliert. Der genetische Algorithmus ist einer dieser evolutionstheoretischen Ansätze. Er basiert auf den Arbeiten von J. HOLLAND, der in den 1960er Jahren Mechanismen adaptiver Systeme erklären und in Computerprogrammen implementieren wollte.

*Grundelemente der Evolution*

Bei der natürlichen Fortpflanzung werden die Chromosomen der Eltern vermischt, und es entsteht ein völlig neues Individuum. Jedes Lebewesen enthält die genetische Erbinformation in Form von Genen, die durch verschiedene Basen verschlüsselt auf den Chromosomen gespeichert sind. Die Chromosomstränge bestehen aus den vier verschiedenen Basen Adenin, Guanin, Tymin und Cytosin. Teilabschnitte dieser Reihenfolgen der Basen stellen ein Gen dar. Durch die Fortpflanzung werden die Gene der Eltern vermischt, es kann aber nur das Gen eines Elternteils zur Ausprägung kommen, das Gen des anderen Elternteils geht verloren. Durch die natürliche Auslese (Selektion), Rekombination der Gene und zufällige Veränderungen im Erbmaterial (Mutation) wird dieser Vorgang beeinflußt.

Im Laufe der Evolution können sich nur die „Besten“ einer Art durchsetzen, schwache Individuen werden von den stärkeren verdrängt. Dieses Prinzip wird nach DARWIN „survival of the fittest“ genannt. Die Fortpflanzung kann also als

Optimierungsproblem betrachtet werden, da es das Ziel der Art ist, sich im Evolutionsprozeß besser an die Umweltbedingungen anzupassen und überlebensfähig zu bleiben.

*Anwendung der Evolutionstheorie zur Lösung von VRP*

Zur Übertragung der genetischen Theorie wird eine Analogie zu dem logistischen Problem der Tourenplanung hergestellt. Dabei werden ein Depot und die dazugehörigen Niederlassungen eines Handelsunternehmens betrachtet. Die Niederlassungen werden mit dem Anfangsbuchstaben des jeweiligen Orts benannt und entsprechen den o.a. Basen. Eine beliebige Reihenfolge dieser Gen-Buchstaben ist dann mit dem Chromosom eines Individuums vergleichbar. Da bei der Tourenplanung im Normalfall mehrere Transporter im Einsatz sind, werden Cluster gebildet, die jeweils einem Gen entsprechen (s. Abb. 5-2). Die Größe eines Clusters ist hauptsächlich von dem Ladevolumen des Transporters für die betreffende Tour abhängig.

Die folgende Abb. 5-2 zeigt einen „genetischen" Tourenplan mit 3 Touren (entsprechend 3 Genen) für ein Depot mit 17 Niederlassungen A, B,..., Q

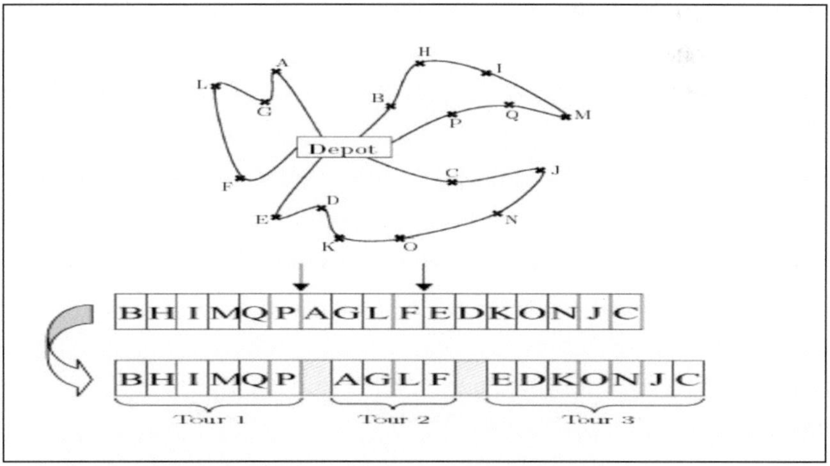


Abb. 5-2: Beispiel für einen „genetischen" Tourenplan

Zu Beginn des Algorithmus wird eine Anfangspopulation mit zufällig erzeugten Individuen generiert. Jedes der entstandenen Individuen stellt eine Lösungsmöglichkeit und somit einen möglichen Tourenplan dar.

Anschließend wird die Operation Selektion angewandt. Um von den Tourenplänen nur die besten im weiteren Verfahren zu benutzen, müssen Kriterien festgelegt werden anhand derer die Lösungen bewertet werden können. Beispiele für diese Kriterien sind hier die Gesamtlänge der Route, die Fahrzeit, sowie Präferenzen und Zeitfensterrestriktionen. Es werden dann anhand dieser Kriterien sog. Fitnesspunkte für die einzelnen Lösungen vergeben. Mit den rangbesten Individuen, also denen, die die meisten Fitnesspunkte haben, wird daraufhin eine neue Generation erzeugt. Dabei gilt der Steady-state-Ansatz, der besagt, daß die Population immer gleich groß bleiben soll. Individuen mit schlechten Fitnesswerten werden also verworfen, um die Population überschaubar zu halten.

Bei jeder neu erzeugten Generation werden auch die Operationen *Rekombination* und *Mutation* eingebaut. Bei der Rekombination kann es sich entweder um die ganz natürliche Vermischung der Gene bei der Bildung neuer Populationen handeln oder es werden einzelne Teilstücke zwischen zwei Routen nach einem vorgegebenen Schema vertauscht. Diese zweite Form wird als *Crossover* bezeichnet. Bei der Mutation werden Teile der Route zufällig verändert. Wenn unsinnige Tourenpläne entstehen, bei denen zum Beispiel eine Niederlassung doppelt angefahren werden würde, werden diese entfernt.

Auf diese Weise werden so lange Generationen gebildet, bis eine Lösung mit ausreichender Qualität gefunden ist. Somit ist der genetische Algorithmus ein zufallsgesteuerter, zielgerichteter Suchprozeß.

### 5.3.3 Die Tabu Search-Methode

Wie auch der Genetische und der Ant-Algorithmus ist *Tabu Search* eine Methode, um das VRP annähernd optimal in vertretbarer Zeit zu lösen. Im Gegensatz zu Genetischen Algorithmen arbeitet das Tabu Search-Verfahren nicht gleichzeitig mit mehreren Lösungen sondern geht immer von *einer* aktuellen Lösung aus [IN19].

Beginnend mit einer Startlösung, eines Clustering- und Routing-Vorschlags, der entweder frei gewählt, oder durch ein heuristisches Verfahren ermittelt wurde, wird die Tabu Search-Methode zur Lösungsverbesserung eingesetzt. Dabei hilft eine spezielle Vorgehensweise zum Absuchen des Lösungsraums, den Zeit- und Rechenaufwand akzeptabel zu halten. Mehrere iterative Schritte werden durchlaufen, um eine Annäherung an die optimale Lösung zu erreichen.

Die Vorgehensweise ist eine spezielle Nachbarschaftssuchtechnik, bei der von der Ausgangslösung durch *Moves* (Vertauschen von Elementen) Nachbarschaftslösungen erzeugt werden. Das Verfahren kann als „intelligentes Suchen" beschrieben werden, weil es unter den möglichen Moves den jeweils zur bestmöglichen Lösung führenden Move auswählt.

In dem in Abb. 5-3 betrachteten Beispielfall würde der nächstgelegene Kundenauftrag aus dem Nachbar-Cluster dem nebengelegenden Cluster zugeordnet.

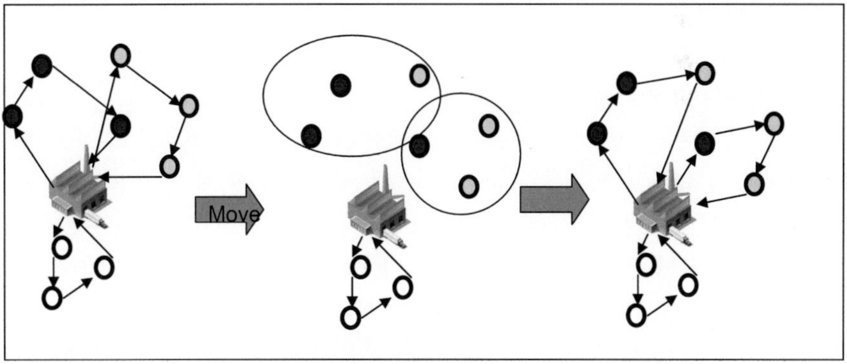


Abb. 5-3: Nachbarschaftstechnik beim Tabu Search Verfahren

Ist keine der Nachbarlösungen besser als die Startlösung, so wird der Move, der zur zweitbesten Lösung führt, durchgeführt. Es wird eine kurzfristige Verschlechterung der Qualität der Lösung in Kauf genommen, um dem lokalen

Minimum zu entfliehen und in Hinblick auf die Gesamtiteration ein besseres Endergebnis zu ermöglichen. Um zu vermeiden, daß ein Move zu einer bereits betrachteten Lösung führt, müssen bestimmte Lösungen und/oder Lösungsschritte gespeichert und verboten werden, also „tabu" gesetzt werden. Das heißt, die Auswahl der Moves bei der Nachbarschaftssuche ist durch die tabu gesetzten Moves eingeschränkt.

So werden nun mehrere Iterationen durchgeführt, bis ein Abbruchkriterium erfüllt ist. Dies kann z. B. eine maximal vorgegebene Iterationszahl oder ein Rechenzeitlimit sein [IN34]. Das Abbruchkriterium sollte so gewählt werden, daß bei Erreichen dieses Kriteriums ein Maximum an Qualität der Lösung erreicht werden konnte.

Die Tabu Search Methode wird hauptsächlich in der Optimierung von Unternehmensabläufen eingesetzt. Darüber hinaus ist es besonders geeignet, den Fahrzeugeinsatz beim Tourenplanungsproblem mit Zeitfensterrestriktionen zu minimieren [IN30].

Ausführliche Angaben zu Vorgehensweise und Anwendung der hier behandelten heuristischen Verfahren finden sich in der Literatur z.B. [GKK04], [Mi99], [MF00].

## 5.4 Tourenplanung in der Praxis

Beschäftigt man sich nicht nur mit der theoretischen Optimierung der Tourenplanung, so stellt sich oft die Frage, wie mit diesem Thema in der Praxis umgegangen wird, insbesondere ob das Thema eine eher untergeordnete Rolle spielt, oder ob es zentraler Baustein der Firmenphilosophie ist und somit einen Beitrag zur Realisierung des betriebswirtschaftlichen Grundprinzips leistet. Daher wollen wir im nächsten Abschnitt auf einige auf dem Markt befindliche Softwareprogramme eingehen, die sich mit der Tourenplanung beschäftigen oder diese unterstützen, und im Anschluß daran eine selbst durchgeführte Praxisbefragung zur Tourenplanung aufführen.

### 5.4.1 Software zur optimierten Tourenplanung

In der heutigen Zeit scheint es selbstverständlich, daß wir uns bei unserer Arbeit, und somit auch bei der Tourenplanung, von Software unterstützen lassen, um unsere Arbeit nicht nur leichter, sondern auch effektiver zu gestalten. Wir möchten daher in diesem Abschnitt vier Softwaresysteme vorstellen, die zur Tourenplanung eingesetzt werden können.

*Das Programm "ptv intertour"*

Das Softwareprogramm "ptv intertour" der PTV AG Traffic Mobility Logistics ist ein Werkzeug zur Touren- und Transportplanung, das sich aus mehreren Bausteinen zusammensetzt. Das Unternehmen arbeitet aber nicht nur auf dem Gebiet der optimierten Tourenplanung, sondern auch an Systemen für die Verkehrsplanung, den ÖPNV (Öffentlicher Personennahverkehr) und die Telematik.

Der Grundmodul zur Tourenplanung, der sich hauptsächlich mit der depotbezogenen Tourenplanung beschäftigt, heißt „intertour / Standard" und verwaltet und verarbeitet alle zur Tourenplanung notwendigen Daten. Dazu zählen die Auftrags-, Kunden- und Fahrzeugdaten sowie die Depotdaten. Somit ist es bereits mit dem Grundmodul möglich, die Tourenplanung zu optimieren und somit kostenoptimiert zu arbeiten. Bei der Einführung von „intertour / Standard" wird außerdem eine digitale Landkarte implementiert, die die zugehörigen Geocodes ( Postadresse in Bezug zur geografischen Lage ) liefert. Weitere Module des Programms „intertour" sind:

- „intertour / dispatch": flexible Tourenplanung mit beliebig vielen Be- und Entladestationen
- „intertour / analyser": generiert Kennzahlen zur Optimierung des Vertriebs und Unterstützung des Controllings
- „intertour / cargo": Frachtkostenberechnung mit exakten Tarifen, Margen und Sonderkonditionen

- „intertour / fleet“: Fuhrparkoptimierung durch GPS-Tracking System (Ortung der Fahrzeuge durch das Global Positioning System)
- „intertour / maut“: Mautkostenberechnung für Touren über mautpflichtige Routen in ganz Europa
- „intertour / production“: Vernetzung von Produktion und direkter Auslieferung ohne Zwischenlager
- „intertour / strategy“: Tourenplanung für periodisch wiederkehrende Touren bei genauer Vorplanung.

Durch die langjährige Erfahrung im Bereich der Tourenplanung hat die PTV AG auch bereits mehr als 20 Branchenlösungen zur Tourenplanung entwickelt, die den jeweiligen Restriktionen besser Rechnung tragen als eine Standardlösung. Somit bietet dieses Werkzeug eine gute Basis, um bestehende Standardlösungen zu optimieren.

*Die Programme „C-Sped“ und „Cargo Manager“ der HHD GmbH*

Die HHD GmbH beschäftigt sich seit mehreren Jahren mit der Entwicklung und Vermarktung von Softwareprodukten im Geschäftsfeld der Logistik. Sie hat sich auf drei Gebiete spezialisiert. Diese sind die standardisierte Speditionssoftware des Logistik-Managements, das Dokumentenmanagement und das Schadensmanagement. Im Bereich des Logistikmanagements hat die HHD GmbH 2 Standardsoftwarepakete entwickelt:

*C-SPED und Cargo Manager.*

*C-SPED* ist eine Software für die Auftragsbearbeitung in Speditionen, die über eine Vielzahl von Einstellungsmöglichkeiten verfügt. Durch die Möglichkeit der Anpassung an die Arbeitsabläufe bietet sie ein hohes Maß an Flexibilität. Über offene Schnittstellen können Fremdprodukte, die z.B. der Routenberechnung dienen, eingebunden werden. Für die automatische Routenberechnung zur Bestimmung des kürzesten Weges können Werkzeuge wie z. B. Teleinfo oder Map&Guide eingesetzt werden.

Die Konditionen je Kunde oder je Auftrag werden aus Tarifen, Kalkulationen oder Angeboten ermittelt und gleich während der Erfassung bereitgestellt. Die Dispositionen der Sendungen können zur besseren Visualisierung graphisch angezeigt werden. Weitere Bildschirmansichten, die der Disponent aufrufen kann, geben ihm Information über die Auslastung der Fahrzeuge und alle nicht disponierten Aufträge. Diese Aufträge können dann den Fahrzeugen manuell am Bildschirm durch Ziehen mit der Maus zugeordnet werden.

Der *Cargo Manager* ist eine modulare Standardsoftware für Speditionen, Transportunternehmen und Verlader. Aufgrund der flexiblen Datenbankkonzepte können unterschiedliche Datenbanken mit einer einheitlichen Oberfläche benutzt werden. Cargo Manager ist ein offenes System und kann auf individuelle Anforderungen abgestimmt werden. Ansichten können den individuellen Bedürfnissen der Benutzer angepaßt werden. Die Entfernungsermittlung erfolgt über ein externes Kartenwerk das auch der Mautberechnung dient. Individuelle Frachtvereinbarungen können neben Standardtarifen im System hinterlegt werden. Zur statistischen Auswertung stehen die Datenbanken Access und der Microsoft SQL Server zur Verfügung.

*Das Programm "Geomarketing"*

Um das betriebswirtschaftliche Grundprinzip in der Absatzplanung optimal zu erfüllen, empfiehlt sich neben dem Einsatz der klassischen Tourenplanungssoftware der Einsatz unterstützender Planungswerkzeuge. Als Beispielsoftware stellen wir das Produkt *Geomarketing* vom Hersteller Lutum&Tappert vor. Das Programm Geomarketing verbindet Vertriebskennzahlen mit geographischen Aspekten. Dabei werden z. B. Kundenstammdaten, Marktpotenziale oder Bevölkerungsstrukturdaten in aussagekräftige Karten umgewandelt. Auf diese Weise können Absatzkennzahlen gewinnbringend in die Tourenplanung einbezogen werden, wodurch eine Zielsetzung der KGVL® (Kundenorientierte Ganzheitliche Vernetzte Logistik) berücksichtigt wird. Das Programm Geomarketing umfasst die Module *Easy Map* und *District Manager*.

Man geht davon aus, daß 80% der im Marketing und Vertrieb verwendeten Daten einen geografischen Bezug haben. Deshalb ist es von Vorteil, wenn diese Daten auch unter geografischen Aspekten analysiert werden.
Wie der Name *Easy Map* schon vermuten läßt, verbindet diese Software die wichtigsten Absatz- und Logistikkennzahlen mit besonderen Karten und fügt sich optimal in die Office-Umgebung eines Büroarbeitsplatzes ein. Der Import von Excel- oder Accessdaten bereitet daher keine Probleme. Durch den Export der gewonnenen Easy Map-Karten im HTML-Format kann man diese direkt ins Internet stellen. Dadurch hat jeder Mitarbeiter von jedem Ort aus und zu jeder Zeit die Möglichkeit, benötigte Absatzdaten abzurufen.
Das Planungswerkzeug *District Manager* befaßt sich vor allem mit der Analyse und Optimierung von Vertriebsgebieten und Standorten. Außendienstbezirke können direkt am PC bearbeitet werden, Gebiete können voneinander abgegrenzt und in aktuellen Gebietskennzahlen präsentiert werden. Balkendiagramme erleichtern Gebietsvergleiche. Flexible Filter- und Sortierfunktionen ermöglichen eine Rangfolgebestimmung z. B. die Angabe von Gebieten mit hoher Kundendichte, aber geringem Umsatz. Auf dieser Basis werden die erforderlichen Daten für eine ABC-Analyse des Absatzgebietes gewonnen. Eine logistische Steuerung sowohl nach innen als nach außen ist somit sichergestellt. Folgende Ergebnisse werden geliefert:

Gebiets- und Standortanalyseergebnisse:

- Schlüsselkunden
- Schlüsselgebiete
- Gebietsvergleiche
- Erreichbarkeit der Standorte;
-

Gebiets- und Standortoptimierung:

- Berechnungen über eine neue Gebietsaufteilung
- Ausbalancieren der vorhandenen Gebiete
- optimale Zuordnung von Gebieten zu Standorten;

Planung, Reorganisation und Dokumentation:

- Gewinnung von Meßdaten und Bewertung für Gebiete
- Verschiebung von Grenzen und Standorten
- Aufteilung und Zusammenlegung von Gebieten.

### 5.4.2 Befragung zur Tourenplanung in der Praxis

Zwar gibt es bereits einige Statistiken und Befragungen, die versuchen, auf die eingangs in Abschnitt 5.4 genannten Fragen Antworten zu geben. Da aber keine Statistik diesbezügliche Daten liefern konnte, entschlossen wir uns, selbst eine Befragung durchzuführen. Sicher kann bei einer eigenen Befragung kein so großer Aufwand getrieben werden wie bei einer groß angelegten Untersuchung. Dafür beantwortet sie die Fragen aber gezielt und liefert somit auch interessante Ergebnisse.

Wir wollten von den Firmen insbesondere wissen, ob sie ihre Tourenplanung aus dem Vertrieb ausgelagert haben, welche Größe ihr Fuhrpark besitzt und in welchen Gebieten sie tätig sind. Außerdem fragten wir sie, ob sie bei der Tourenplanung Software einsetzen.

*Befragungsdurchführung*

Wir haben mehr als 50 Firmen aus dem Handel per e-mail kontaktiert und um Antworten gebeten. Da die Reaktionen auf unsere Mail-Aktion sehr spärlich waren, haben wir die Firmen danach auch noch telefonisch kontaktiert, um mehr Daten zu erhalten. Da leider aus den einzelnen Branchen der Befragten nur sehr wenige Antworten kamen, war ein Branchenvergleich mit Benchmarking leider nicht möglich. Dennoch haben sich aus einzelnen Antworten und Gesprächen interessante Fakten und Tendenzen herausgestellt, die für einen Großteil der Branchen und auch des Handels allgemein gelten. Daher möchten wir die Ergebnisse unserer Umfrage unter Angabe der Fragen aus unserem Befragungsbogen wie folgt darstellen.

Frage 1: Haben Sie Ihren Vertrieb mitsamt der Tourenplanung ausgelagert oder ist dieser im eigenen Unternehmen integriert?

Viele Firmen besitzen immer noch ihren eigenen Fuhrpark und erledigen auch die Tourenplanung im Hause. Das meist gebrauchte Argument gegen die Auslagerung des Fuhrparks sind die speziellen Restriktionen der einzelnen Branchen. Das Gewicht in der Getränkebranche oder auch die Vielzahl von Kunden in einem sehr engen Zeitfenster in der Bäckereibranche sind nur zwei Beispiele dafür. Größere Einzelhandelsketten dagegen haben ihre Tourenplanung teilweise sogar an mehrere Speditionen ausgelagert.
Allgemein kann man aber feststellen, daß jede Branche sehr individuelle Ansprüche an ihren Fuhrpark oder ihren Transportdienstleister stellt. Bei Firmen, die ihren Fuhrpark ausgelagert haben, ist zu beobachten, daß hier das Shop-in-Shop Konzept des Einzelhandels erweitert wurde und einige Firmen eine eigene Vertriebsgesellschaft gegründet haben. Dieses Konzept, so konnten wir erfahren, ist auch noch bei einigen anderen Firmen im Gespräch oder befindet sich bereits in der Realisierung.
Regional eher gebundene Branchen, wie beispielsweise die Brauereien, liefern zumeist nur innerhalb ihrer Kernregion und selten darüber hinaus. Teilweise ist aber im Bereich der Tourenplanung festzustellen, daß Firmen die überregionale Tourenplanung ausgelagert haben oder manchmal auch ein weiteres Ferndepot besitzen.

Frage 2: Wie groß ist Ihr Fuhrpark?

Natürlich hängt die Fuhrparkgröße der jeweiligen Firma stark von der Größe des Unternehmens und der Ware ab und ist somit schwer ein vergleichbares Kriterium. Beachtenswert ist aber, daß wesentlich mehr Fahrer beschäftigt sind als Fahrzeuge zur Verfügung stehen. Dies liegt aber laut Aussage von einigen Befragten auch daran, daß die Fahrer weitere Aufgaben im Unternehmen wahrnehmen und auch gewisse Reserven zur Verfügung stehen müssen. Eine Besetzung von Fahrzeugen mit mehreren Personen dagegen ist eindeutig nicht die Regel sondern eher eine seltene Ausnahme.

Frage 3: Wie groß ist Ihr Kundenstamm?

Der Kundenstamm ist je nach Firmengröße und Sparte sehr unterschiedlich. Auch spielt das Sortiment der jeweiligen Branche eine Rolle. Als Beispiel wäre hier die unterschiedliche Belieferung von Einzelhandelsfilialen mit Trocken-, Frisch- und Tiefkühlware zu nennen. Bei Gesprächen mit mehreren Personen konnte aber festgestellt werden, daß eine Ausweitung des Kundenstamms in den jeweiligen Firmen kein Problem darstellt. Lediglich eine Anpassung des Fuhrparks sowie des Personals sei dabei erforderlich.

Frage 4: Welche ist Ihre Hauptlieferregion?

Unsere Befragung war auf Firmen des Handels in der Region Oberpfalz angelegt. Kerngebiet waren dabei bekannte Firmen aus Regensburg. Erstaunt hat uns, daß die angegebene Hauptlieferregion deutlich größer war als zuvor angenommen. Nicht selten liefern diese doch eher regionalen Firmen in ganz Bayern und teilweise darüber hinaus ihre Waren aus.

Frage 5: Wie viele Touren fahren Sie im Schnitt?

Der Durchschnitt der Anzahl der Touren hängt natürlich von vielen Aspekten ab, zum größten Teil natürlich von der Größe des Fuhrparks, der Lieferregion und der Menge an Waren und Kunden. Festzuhalten ist jedoch, daß ein Fahrzeug pro Woche im Schnitt knapp 15 Touren fährt. Dies liegt natürlich einmal am regionalen Bezug der Umfrage und ihrer Größe sowie am starken Brancheneinfluß der Brauereien mit angeschlossener Gastronomieversorgung.

Frage 6: Benutzen Sie Software zur optimierten Tourenplanung?

Ca. 80% aller Befragten haben eine Software in ihrem Unternehmen im Einsatz, die die optimierte Tourenplanung durchführt. Weitere 10% erwägen den baldigen Einsatz von Software und deren Systemintegration zur Tourenplanung. Lediglich 10% sind der Meinung, daß Software nicht zu einer besseren Lösung führen wird, und wollen die händische Tourenplanung beibehalten.

Wir konnten feststellen, daß sich oft in einer Branche eine bestimmte Softwarelösung durchgesetzt hat. Beispiel dafür ist die Branchensoftware der Firma BSI aus Ingolstadt, die im Bereich des Getränkehandels eine wichtige Rolle spielt.

## 5.5 Ausblick

Bis zum Jahr 2015 wird, so die Prognosen, der Güterverkehr um rund 65 Prozent, der Personenverkehr um mehr als 20 Prozent innerhalb von 10 Jahren zugenommen haben [IN29]. Außerdem werden durch Zunahme des Umweltbewußtseins in der Bevölkerung immer neue Gesetze erlassen, die den Transport berühren. Speziell ist hier die Einführung der kilometerbezogenen Mautgebühr für deutsche Autobahnen zu nennen. Vorgeschlagen wurden auch Emissionsabgaben für Industrie und Verkehr.

All diese Themen werden die Tourenplanung in der Zukunft noch stärker beeinflussen. Dies wird langfristig dazu führen, daß die Bedeutung der Tourenplanung, vor allem auch im Handel, zunehmen wird. Somit werden sich die Unternehmen verstärkt mit dem Problem der Tourenplanung auseinandersetzen müssen, um das Gesamtrisiko des Handels zu verringern.

# 6 Outsourcing

## 6.1 Einführung

Die Verschärfung des internationalen Wettbewerbs, vor allem hervorgerufen durch die Globalisierung der Märkte, die steigenden Kosten durch die konsequente Ausrichtung auf Kundenzufriedenheit, Kundenbindung und Kundengewinnung, bedingt ein Umdenken bei den Unternehmenskonzepten sowie die Suche nach adäquaten Alternativen.

Gerade bei den heutigen Umfeldeinflüssen (z.B. Osterweiterung der EU) muß sich ein Unternehmen verstärkt um Einsparungspotentiale bemühen, da die Gewinnmargen im Handel bedrohlich niedrig sind und wesentliche Mittel für Investitionen fehlen, die den Fortbestand des Unternehmens auch in schwierigen Zeiten sichern [IN2]. Deshalb müssen alle Unternehmensbereiche kundenorientierter, kostengünstiger und schneller arbeiten, um das betriebswirtschaftliche Grundprinzip (Aufwände minimieren und die Erträge maximieren) zu realisieren. Daran schließt sich auch die Frage an nach Eigenerstellung oder Fremdbezug (Make-or-Buy). Welche Leistungen soll das Handelsunternehmen demnach selbst anbieten und welche sollen von Dritten ausgeführt werden? Hieraus resultiert der Gedanke, daß sich die Unternehmen auf das konzentrieren, was sie besonders gut bzw. besser als andere beherrschen. So ist auch das vielfach verwendete Motto: „Do what you can do best outsource the rest“ als eine Konzentration auf die Kernkompetenzen mit einer gleichzeitigen Auslagerung aller Aufgaben, die nicht zu diesen gehören, zu verstehen.

*Begriffserläuterung „Outsourcing“*

*Outsourcing* ist eine Wortschöpfung aus dem amerikanischen Wirtschaftsleben, entstanden aus dem klassischen „make-or-buy“ Problem, die die Wörter „outside – resource –using“ zu einem neuen Wort vereint [HM97]. Beim *Outsourcing* handelt es sich demnach um einen Prozeß der Auslagerung von bislang im Unternehmen erbrachten Leistungen an einen meist externen Dritten.

In der Regel müssen drei Kriterien erfüllt sein, damit bei einer externen Leistungserbringung von Outsourcing gesprochen werden kann:

- Die Übertragung einer Komplett- oder Teilleistung erfolgt permanent oder für einen langfristigen Zeitraum
- Eine spezifische, individuelle Form muß erkennbar sein (z.B. individuelles Vertragsabkommen)
- Das Auslagerungsvorhaben soll marktbezogen sein, d.h. mindestens ein externes Unternehmen muß am Leistungsprozeß beteiligt sein, das rechtlich und wirtschaftlich eigenständig ist und auch zu anderen Marktpartnern Kundenbeziehungen unterhält [Wiss99].

Es werden zwei Varianten des Outsourcings unterschieden: das *externe Outsourcing* und das *interne Outsourcing*. *Externes Outsourcing* ist eine partielle oder vollständige Übertragung von Unternehmensfunktionen an betriebsfremde Institutionen. Dabei werden eigene Bereiche entweder ganz oder zum Teil aufgelöst und stattdessen fremd bezogen (z.B. der Foto-Service in einem Drogeriemarkt) [Wiss99]. Wenn eine Übertragung von Leistungen an ein kapitalmäßig verbundenes Unternehmen erfolgt, spricht man von einem *internen Outsourcing* bzw. einer Ausgliederung [HM97].

## 6.2 Chancen und Risiken von Outsourcing im Handel

### 6.2.1 Chancen

Laut einer Umfrage welche Ziele Handelsunternehmen zur Optimierung der Logistik anstreben, antwortete die überwiegende Mehrheit der Logistikverantwortlichen in den Handelsbetrieben nicht mit Kostensenkung in Transport, Distribution und Lagerhaltung, sondern daß das anzustrebende Ziel höchste Kundenzufriedenheit ist [IN12]. Mit dieser Aussage bringen Handelsunternehmen klar zum Ausdruck, daß die Erfüllung der Kundenwünsche und Kundenbedürfnisse als oberste Maxime angesehen werden muß. Lösungen zu diesen Anforderungen sollen auch durch das Outsourcing gefunden werden. Dieses ist aber sowohl mit vielfältigen Chancen als auch mit Risiken verbunden, deren Einschätzung auf der subjektiven Beurteilung des Managements basieren [ZHS96].

*Teilung des unternehmerischen Risikos*

Eine Risikoteilung ist das Kernelement von Outsourcingprojekten. Die beteiligten Partner teilen die auftretenden Risiken und partizipieren gemeinsam an den erzielten qualitativen und quantitativen Verbesserungen [IN2]. Frühere Outsourcing-Vorhaben konnten durch unpräzise formulierte und nicht eingehaltene Service Level Agreements zum Scheitern führen. Die daraus resultierenden, immer enger definierten Dienstleistungs- und Schadensersatzkataloge haben nicht nur enorme Energien für ihre Konzeption und Umsetzung gebunden, sie beschränkten zugleich die Handlungsfreiheit der Outsourcing-Partner und entließen sie zu einem guten Teil aus dem Risiko und der unternehmerischen Verantwortung für den Erfolg. So blieben wesentliche Komponenten, Netzwerkkontakte und Innovationskräfte auf Seiten des Outsourcing-Dienstleisters ungenutzt. Neuere, strategisch angelegte Outsourcing-Modelle arbeiten deshalb anders. Sie reduzieren den Kontrollaufwand und setzen auf selbstregulierende, ökonomische Mechanismen: Hier nehmen die Unternehmen den Outsourcing-Partner ins Risiko, setzen ihm übergeordnete Leistungsziele statt Servicevereinbarungen, geben ihm die notwendige Handlungsfreiheit, diese Ziele zu erreichen oder zu übertreffen und beteiligen ihn am Erfolg. So können sogar zusätzliche Umsatzpotentiale für beide Partner entstehen [IN32]. Für den Outsourcing-Partner heißt dies, die eigenen strategischen und betriebswirtschaftlichen Kompetenzen gezielt aufzubauen und in die Kooperationen einzubringen. Wie der Presse zu entnehmen ist, ist der Handel auch zunehmend offen für die Delegation von Sortimentsverantwortung an die Lieferanten, sofern Flächenproduktivität und Rentabilität stimmen. In diesem Zusammenhang kommt es zunehmend zu neuen Formen der Risikoteilung wie Kalkulationsgarantien und Abschreibungsbeteiligungen [IN10].

*Kosteneinsparung*

Kosteneinsparungen durch externe Leistungsbeziehungen von bis zu 20% sind ein attraktiver Grund für Outsourcing [IN1]. Darüber hinaus werden durch Outsourcing bisherige Fixkosten in variable Kosten überführt. Diese fallen nur bei tatsächlicher Inanspruchnahme der Leistung an. Man spricht dabei von einer Variabilisierung der Fixkosten.

*Effizienz- und Qualitätsvorteile*

Die ausgelagerten Dienstleistungen fallen in der Regel in das Kerngeschäft des Dienstleisters. Umfassendes Know-how bezüglich der Prozesse und des Personen- und Ressourceneinsatzes lassen diesen wirtschaftlicher und erfolgreicher arbeiten. Qualität und Zuverlässigkeit sind daher Erwartungen an den externen Dienstleister. Schnellere Leistungsentwicklung und Leistungsanpassung sowie schnellere Umsetzung von Technologiepotentialen sind die erwarteten Folgen [IN1].

Besonders Innovationsprojekte können mit umfassender externer Unterstützung schneller und problemfreier realisiert werden. Dazu gehören insbesondere E-Business- Strategien. Im Regelfall betreten die Unternehmen damit Neuland und müssen sich zunächst das erforderliche Fachwissen sowohl bei der Marktausrichtung als auch in technischer Hinsicht aufbauen, um die Organisationskonzepte und Geschäftsprozesse auf den elektronischen Handel ausrichten zu können. Diese komplexen Anforderungen bei geringer Erfahrungsbasis erzeugen in der Praxis gravierende Risiken.

Durch die Abgabe von Leistungen an Dienstleister wird es dem Unternehmen ermöglicht, sich besser auf seine Kernkompetenzen zu konzentrieren. Grund hierfür ist die Senkung des Komplexitätsgrades der Unternehmensleistungen, wodurch die Handlungsfähigkeit und die Flexibilität erhöht werden.

Abschließend bleibt zu sagen, daß Unternehmen die Vorteile des Outsourcings vor allem in der anvisierten Risikoteilung sehen, wodurch das Risiko im Handel verringert werden soll.

### 6.2.2 Risiken

Das Auslagern von Unternehmensleistungen birgt nicht nur viele Chancen, sondern auch große Risiken, von denen einige nachfolgend erläutert werden.

*Abhängigkeit*

Durch die meist langfristige Bindung (üblicherweise 3 bis 10 Jahre) entsteht zwangsläufig eine gewisse Abhängigkeit vom Outsourcing-Anbieter [IN16]. Das gesamte Know-how und evtl. sogar das Personal dieses Bereiches liegen nun in den Händen des Partners. Damit fehlt dem Unternehmen jegliche Voraussetzung, die vergebene Leistung kurzfristig wieder selbst zu erbringen. Besonders kritische Folgen hat die Insolvenz bzw. die strategische Neuausrichtung des Providers. Dieser kann dadurch evtl. die Leistung nicht mehr bzw. nicht in gleicher Form erbringen und verärgert schlimmstenfalls den Kunden des Outsourcing-Gebers, der gewisse Leistungen gewohnt ist.

*Know-how-Verlust*

Ein weiteres beachtliches Risiko zeigt sich darin, daß zunehmende Auslagerungsaktivitäten unweigerlich einen Know-how-Verlust im eigenen Unternehmen mit sich bringt. Verwertet der Dienstleister das ihm übertragene Wissen zu eigenen Zwecken oder lässt es Konkurrenzfirmen zukommen, droht dem Outsourcing-Geber der Verlust von unternehmensspezifischem Know-how. Aus diesem Grund sollte auch genau abgewogen werden, wem welche Daten zu welchen Bedingungen überlassen werden.

*Kosten*

Zudem besteht ein Risiko hinsichtlich der möglicherweise hohen Kosten.
Neben hohen Anbahnungskosten (Kosten der Vertragsverhandlungen) entstehen auch erhöhte Kommunikations- und Koordinationskosten bedingt durch die räumliche Distanz zum Outsourcing-Anbieter. Besonders kritisch wird es, wenn die Kosten für die Bereitstellung spezifischer Leistungen die erzielten Einsparungseffekte übersteigen.

*Imageverlust*

Daneben besteht noch das Risiko eines Imageverlustes des eigenen Unternehmens beim Kunden. Da die ausgelagerten Bereiche in der Regel mit unternehmensinternen Funktionen verknüpft sind, fallen Fehler, terminliche Versäumnisse oder eine geringere Qualität des Dienstleisters auf das Unternehmen zurück [Br98].

Wenn ein Handelsunternehmen beispielsweise seine Pflanzenabteilung auslagert und eine bestimmte Pflanze, die in einem Prospekt des Unternehmens abgebildet ist, nicht pünktlich in den einzelnen Filialen vom Provider angeliefert wird, ist der Kunde über den schlechten Service verärgert. Das würde in dem Fall nicht dem Prinzip der Kundenorientierung im Konzept der KGVL® entsprechen. Das Hauptrisiko liegt demnach darin, daß man den falschen Dienstleister für den Auslagerungsprozeß auswählt.

Insgesamt läßt sich feststellen, daß sowohl Chancen wie auch Risikopotentiale des Outsourcings beachtlich sind. Durch ein Abwägen beider Aspekte kann der subjektive Nutzen einer Auslagerung bestimmt werden. Zudem ist darauf zu achten, daß das Risiko frühzeitig erkannt wird, damit ein Schadensfall gar nicht erst eintreten kann.

## 6.3 Der Outsourcing-Prozeß an einem Fallbeispiel im Einzelhandel

In diesem Abschnitt wird anhand eines Beispiels aus dem Bereich des stationären Handels bei einer Discounter-Lebensmittelhandelskette im Raum Regensburg ein Outsourcing-Prozeß beschrieben. In dem betrachteten Handelsunternehmen hat sich die Pflanzenabteilung als Schwachstelle herauskristallisiert. Für diese wird im Abschnitt 6.3.5 mit Hilfe der Nutzwertanalyse aus drei möglichen fiktiven Outsourcing-Partnern der mit dem günstigsten Leistungsangebot ermittelt.

### 6.3.1 Übersicht über den Ablauf eines Outsourcing-Projekts

Der Wunsch nach kurzfristiger Kostenminimierung kann bei unkoordinierten Outsourcing-Maßnahmen Unternehmen im Handel leicht in eine Schieflage bringen. Da Outsourcing ein komplexes strategisches Entscheidungsproblem darstellt, empfiehlt es sich, alle Geschäftsabläufe vor geplanten Auslagerungen ganzheitlich und sorgfältig zu überprüfen. Weiterhin ist darauf zu achten, daß Prozesse, die ausgelagert werden sollen, nahtlos in die Logistikkette eingegliedert werden, denn einmal getroffene strategische Entscheidungen haben langfristige und tiefgreifende Auswirkungen auf das ganze Unternehmen.

Im Folgenden wird aufgezeigt, wie man vorgehen sollte, wenn man bestimmte Prozesse oder Unternehmensbereiche auslagert, um mögliche Risiken zu erkennen und zu vermeiden. Der Ablauf eines Outsourcing-Vorgangs wird in dem folgenden Struktogramm dargestellt.

| |
|---|
| 1. Ist-Analyse<br>- Identifikation von potentiellen Outsourcing-Chancen<br>- Schaffen von Transparenz und erste Bewertung |
| 2. Make-or-Buy-Analyse<br>- Möglichkeit der Kostensenkung bei Fremdvergabe<br>- Beachtung der Transaktionskosten |
| 3. Kontaktaufnahme<br>- Erstellen eines Sollprofils<br>- Sichtung der passenden Dienstleistungsanbieter |
| 4. Abgleich<br>- Bewertung des Partners anhand der Nutzwertanalyse<br>- Auswahl des Partners und endgültige Auftragsvergabe |
| 5. Vertrag<br>- Verteilung der Aufgaben und Verantwortungsbereiche<br>- Formulierung des Vertragstextes |
| 6. Implementierung<br>- Konkrete Umsetzung der Outsourcing-Partnerschaft<br>- Integration in bestehende Kontexte |

Abb.: 6-1 Ablauf eines Outsourcing-Projekts

Bei einem komplexen Projekt sollte man sich nicht auf einmal zu viel vornehmen, damit man auf eventuell auftretende Anlaufprobleme schnell reagieren kann. Bei Logistik-Outsourcing muß man sich von Anfang an auf wirtschaftliche und sichere Lösungen rund um den Waren- und Materialfluß verlassen können [Zei04].

### 6.3.2 Die Ist-Analyse

Da immer mehr Discounter im Einzelhandel unter hartem Wettbewerbsdruck stehen, streben die meisten Unternehmen danach, weiterhin ihre Kunden mit bester Qualität unter Berücksichtigung der 7 R's (s. Abschnitt 3.2) zufriedenzustellen.

Die Auslöser für Outsourcing-Überlegungen sind innerbetriebliche Probleme der Leistungsfähigkeit, Qualität, Verfügbarkeit und Kosten von Prozessen im Unternehmen. Dabei muß eine gründliche Analyse der derzeitigen Prozesse durchgeführt werden, um Transparenz bzgl. der innerbetrieblich erstellten Leistungen zu schaffen.

Eine Betrachtung des Unternehmens und seiner Umwelt gibt schnell Aufschlüsse darüber, welche Bereiche sich zum Outsourcen eignen. Eine hilfreiche Methode für Sourcing-Entscheidungen ist die Portfolio-Analyse. Die nachfolgende Abbildung zeigt ein derartiges Portfolio zur Beurteilung von Dienstleistungsaktivitäten und zur Ermittlung grundsätzlicher Sourcing-Alternativen.

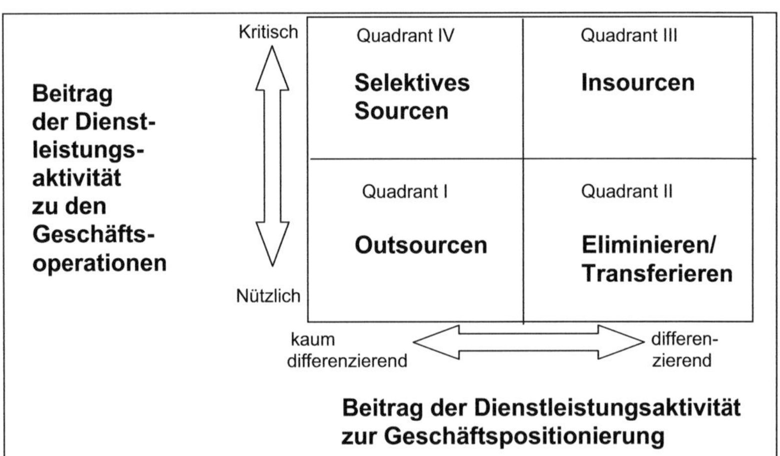


Abb. 6-2: Ermittlung von Sourcing-Optionen

Dienstleistungen, die wichtige Beiträge zur Differenzierung im Wettbewerb liefern und auch von großer Bedeutung für den gesamten Geschäftsprozeß sind, d.h. die Kernkompetenzen, sollten natürlich auch im Unternehmen bleiben. Laut einer Umfrage gehören zu den Kernaufgaben im Handel derzeit immer noch die Regalbewirtschaftung, Etikettierung und Preisauszeichnung. Derartige Prozesse werden im 3. Quadranten eingeordnet.

Im 1. Quadranten werden dagegen solche Prozesse (z. B. Warentransport, Warendistribution, Lagerhaltung etc.) eingetragen, die sehr aufwendig sind und hohe Kosten verursachen (siehe den folgenden Abschnitt 6.3.3), ebenso Dienstleistungen, die wenig zur Differenzierung im Wettbewerb beitragen. Diese Prozeße eignen sich gut zum Outsourcen.

Für die beiden anderen Quadranten läßt sich keine Handlungsempfehlung ableiten. Hier ist sorgfältig abzuwägen, ob und inwieweit es sich lohnt, bestimmte Leistungen und Prozesse auszulagern bzw. sie vielleicht sogar zu eliminieren oder anderen Unternehmensbereichen anzugliedern [Wiss99].

### 6.3.3 Die Make-or-Buy-Entscheidung

Ist man bei der Ist-Analyse auf Problembereiche im Unternehmen gestoßen, für die Outsourcing in Frage kommt, muß nun herausgefunden werden, ob eine Auslagerung eine Alternative darstellt. Bei dieser Überlegung wird die Make-or-Buy-Analyse [ST98] angewandt. Diese Entscheidung zwischen *Fremdbezug* (Buy) und *Eigenfertigung* (Make) von Leistungen im weitesten Sinne ist Gegenstand vielfältiger wissenschaftlicher Publikationen. Hier soll Outsourcing als eine langfristig ausgerichtete Entscheidung verstanden werden, die vorrangig unter Kostengesichtspunkten zugunsten eines Fremdbezugs (strategische *Buy*-Entscheidung) getroffen wird. Durch die Unterscheidung der Leistungsprozesse nach eigenzufertigenden und fremdzubeziehenden Leistungen wird es ermöglicht, daß das Handelsunternehmen seine Kernkompetenzen identifizieren und bei den übrigen Leistungsprozessen die Chancen und Risiken der potentiellen Auslagerungsbereiche überprüfen kann. Eine Umfrage in Unternehmen der Handelslogistik im Jahre 2003 zeigt, welche Bereiche beim Auslagerungsprozeß das größte Kostensenkungspotential aufweisen. Das nach wie vor größte Verbesserungs- und Kostensenkungspotential ist die Auslagerung des Warentransports, der Warendistribution, sowie der Lagerhaltung. Dem folgen die Bereiche Verpackungsentsorgung und Informationssysteme/Datenkommunikation [IN12].

Bei der von uns untersuchten Niederlassung einer Discounter-Lebensmittelhandelskette zeigte die Pflanzenabteilung eine große Schwäche auf. Dieser Bereich eignet sich für mehrere Teilprozesse, angefangen beim Transport, der Lagerung und Kommissionierung bis hin zur Distribution, zur Auslagerung an einen externen Dienstleister. Dabei sollte man aber das Risiko einer drohenden Abhängigkeit vom Outsourcing-Partner beachten.

Neben den Kostenvorteilen müssen auch die anfallenden Transaktionskosten bei der Fremdvergabe logistischer Leistungen berücksichtig werden. Da diese Kosten erheblich sein können, dürfen sie bei Make-or-Buy-Entscheidungen nicht vernachlässigt werden. Es handelt sich dabei vorwiegend um Informations- und Kommunikationskosten.

Die Transaktionskosten setzen sich aus folgenden Anteilen zusammen [ST98]:

- Kosten der Vertragsanbahnung, die bei der Suche nach Informationen über die potentiellen Partner anfallen;
- Kontrollkosten, z. B. für die Sicherstellung der Einhaltung von Terminen, Qualität, Mengen und Preisen;
- Kosten der Vertragsanpassung, z.B. für die Durchsetzung von Termin-, Qualitäts-, Mengen-, sowie Preisänderungen;
- Abwicklungskosten, die für Transport der Produkte zwischen Abnehmer und Zulieferer anfallen;
- Beendigungskosten, die bei der Beendigung der Zusammenarbeit anfallen, z. B. bei Vertragsaufhebung sowie Entlassungskosten.

Bei der Fremdvergabe gibt es eine Möglichkeit, die Transaktionskosten zu senken, indem man nur von einem einzigen Oursourcing-Partner statt von mehreren logistischen Dienstleistern zukauft. Dieses Verfahren wird als *Single Sourcing* bezeichnet.

### 6.3.4 Die Kontaktaufnahme

Nachdem die Produkte und Dienstleistungen im Unternehmen hinsichtlich ihrer Eignung für eine Auslagerung untersucht und potentielle Outsourcing-Bereiche ermittelt worden sind, müssen die Ziele der Strategie definiert werden. Um die Ziele zu erreichen, muß ein Sollprofil aufgestellt werden. Dieses enthält alle benötigten und erwarteten Leistungen bezüglich der technischen, wirtschaftlichen und juristischen Belange. Im nächsten Schritt kann man nun mit den geeigneten Anbietern Kontakt aufnehmen. Hierbei müssen Anbieter ausgewählt werden, die dazu bereit und geeignet sind, die entsprechenden Leistungen zu übernehmen. Es sollten daher mehrere Leistungsangebote von potentiellen Anbietern eingeholt werden. Um mit den möglichen Outsourcing-Partnern in Kontakt zu treten, gibt es zwei Möglichkeiten. Entweder wird ein externer Berater zu den Verhandlungen hinzugezogen, oder die Kontaktaufnahme erfolgt durch eine zuvor gebildete Projektgruppe innerhalb des Unternehmens.

Nach der Informationsbeschaffung muß eine Vorauswahl der Dienstleister getroffen werden. Die Projektgruppe zur Bearbeitung der Auslagerung der Pfanzenabteilung in dem von uns untersuchten Unternehmen hat drei (fiktive) Outsourcing-Partner in die engere Auswahl gezogen, die im Folgenden anhand der Nutzwertanalyse bewertet werden.

### 6.3.5 Lieferantenbewertung anhand der Nutzwertanalyse

Die nun zur Verfügung stehenden Informationen müssen miteinander verglichen werden. Die Auswahl des Dienstleisters sollte deshalb systematisch anhand eines Anforderungsprofils erfolgen, damit derjenige, der die Bedürfnisse des Handelsunternehmens am besten erfüllt, ausgewählt werden kann. Eine Bewertung der möglichen Outsourcing-Partner auch auf der Basis der monetär nicht quantifizierbaren Eigenschaften kann mit Hilfe der Nutzwertanalyse erreicht werden. Im Folgenden wird dieses Verfahren kurz erklärt und Gründe angeführt, die für seine Anwendung im betrachteten Fall sprechen.

Die Nutzwertanalyse ist eine Planungsmethode zur systematischen Entscheidungsvorbereitung bei der Auswahl von Projektalternativen. Sie analysiert eine Menge komplexer Handlungsalternativen mit dem Ziel, die einzelnen Alternativen entsprechend den Präferenzen der Entscheidungsträger bezüglich eines hierarchisch gegliederten Kriteriensystems in einer Rangfolge zu ordnen. Diese Methode wird hier verwendet, weil sich damit auch qualitative Kriterien einfach bewerten und vergleichen lassen und die Entscheidung bei der Auswahl der externen Dienstleister somit erleichtert wird. Auf die monetär quantifizierbaren Kriterien kann im Rahmen der vorliegenden Arbeit aufgrund mangelnder Daten nicht eingegangen werden. Ausführliche theoretische Betrachtungen sowie Anwendungsbeispiele zur Nutzwertanalyse finden sich in Band 14 und Band 5 der Reihe Economy and Labour ( s. [NG09], [NB04] ).

*Ablauf der Nutzwertanalyse*

- Aufbau eines Zielsystems:
  Festlegung und Gewichtung von Bewertungskriterien, bei Bedarf Untergliederung der einzelnen Kriterien in Teilkriterien;
- Bewertung der einzelnen Alternativen:
  Für jede Alternative sind für alle Bewertungskriterien die Erfüllungsgrade festzulegen. Die Erfüllungsgrade reichen dabei von 0 (Prozent) für „Kriterium nicht erfüllt“ bis 1 oder 100 Prozent für „Kriterium umfassend erfüllt“;
- Ermittlung der Teilnutzwerte:
  Multiplikation des Gewichts mit dem zugehörigen Erfüllungsgrad des Bewertungskriteriums. Ergebnis ist für jede Alternative ein Teilnutzwert für das betreffende Bewertungskriterium.
- Ermittlung des Gesamtnutzwerts der einzelnen Alternativen:
  Für jede Alternative werden die einzelnen Teilnutzwerte zu einem Gesamtnutzwert aggregiert, z.B. durch Addition der Teilnutzwerte. Eine andere Vorgehensweise wird in [NG09] und [NB04] vorgestellt.

Bei der Auswahl des externen Dienstleisters sollten folgende wichtige Zielkriterien beachtet werden:
Von großer Bedeutung sind Zielkriterien wie Preise/Konditionen, Qualität der Produkte und Einhaltung der Lieferzeit und Liefertermine gemäß den 7 R`s aus Abschnitt 3.2. Der Dienstleister muß absolut preistreu sein, und das Preisniveau muß unterhalb dem der Konkurrenten liegen. Er soll so schnell wie möglich zum richtigen Zeitpunkt mit bester Qualität liefern.
Weitere Kriterien wie Zuverlässigkeit, räumliche Entfernung und Flexibilität spielen dabei auch eine große Rolle. Hinzu kommt noch der zusätzliche Service für die Pflege der Pflanzen in den Filialen.
Die Festlegung der Erfüllungsgrade der Zielkriterien für die verschiedenen Alternativen (Lieferanten) ist sehr wichtig, denn bei Auswahl des falschen Dienstleisters würde ein Risiko dadurch entstehen, daß die Kunden nicht zufrieden gestellt werden und damit die Kosten steigen.

*Vorgehensweise bei der Aufstellung der Nutzwerttabelle:*
In der Spalte „Gewichtung“ in Tab. 6-1 werden die Gewichte der Zielkriterien aufgeführt. Das für das Handelsunternehmen wichtigste Kriterium wird am stärksten gewichtet. Die Summe der Gewichte muß 1 oder 100 % ergeben.
Für die Auslagerung der Pflanzenabteilung stehen drei (fiktive) Outsourcing-Partner zur Auswahl:

1. The Sunflowers
2. Müller-Pflanzen-GmbH
3. Magaritos GmbH & Co.KG.

In der Spalte „Erfüllungswert“ werden die Zielkriterien für jede dieser Alternativen mit Noten 1 – 5 bewertet. Dabei bedeutet 0: Kriterium überhaupt nicht erfüllt, 1 : sehr schlecht, 2 : schlecht, 3 : mittel, 4 : gut, 5 : sehr gut erfüllt. Die zugehörigen Erfüllungsgrade erhält man daraus durch die Transformation: Erfüllungsgrad = 1/5 * Note gemäß der folgenden Tabelle:

| Note: | 0 | 1 | 2 | 3 | 4 | 5 |
|---|---|---|---|---|---|---|
| Erfüll.Grad: | 0 | 0,2 | 0,4 | 0,6 | 0,8 | 1 |

Im nächsten Schritt können nun in der Spalte „Teilnutzwerte“ die einzelnen Werte ermittelt werden, indem man das *Gewicht* mit dem *Erfüllungsgrad multipliziert*. Am Schluß wird die Summe der Teilnutzwerte für jede Outsourcing-Alternative gebildet.

| | | **1. The Sunflowers** | | **2. Müller-Pflanzen-GmbH** | | **3. Magaritos GmbH & Co. KG** | |
|---|---|---|---|---|---|---|---|
| Zielkriterien | Gewichtung | Erfüllungswert / -grad | Teilnutzwert [%] | Erfüllungswert / -grad | Teilnutzwert [%] | Erfüllungswert / -grad | Teilnutzwert [%] |
| Preise/ Konditionen | 25 % | 5 / 1.0 | 25 | 1 / 0.2 | 5 | 4 / 0.8 | 20 |
| Qualität | 20 % | 4 / 0.8 | 16 | 5 / 1.0 | 20 | 4 / 0.8 | 16 |
| Zeit | 15 % | 4 / 0.8 | 12 | 3 / 0.6 | 9 | 3 / 0.6 | 9 |
| Flexibilität | 10 % | 3 / 0.6 | 6 | 3 / 0.6 | 6 | 5 / 1.0 | 10 |
| Entfernung | 10 % | 4 / 0.8 | 8 | 4 / 0.8 | 8 | 2 / 0.4 | 4 |
| Zuverlässigkeit | 10 % | 4 / 0.8 | 8 | 2 / 0.4 | 4 | 3 / 0.6 | 6 |
| Zusätzlicher Service | 5 % | 1 / 0.2 | 1 | 5 / 1.0 | 5 | 5 / 1.0 | 5 |
| Verpackung/ Transport | 5 % | 2 / 0.4 | 2 | 3 / 0.6 | 3 | 4 / 0.8 | 4 |
| Nutzwert | 1 | | 78% | | 60% | | 74% |
| | | | | | | | |

Tab. 6-1: Nutzwerttabelle zur Lieferantenbewertung

*Auswahl des externen Dienstleisters:*

Durch Vergleich der Nutzwerte läßt sich erkennen, daß die „Müller-Pflanzen GmbH“ mit 60% am schlechtesten abschneidet. Die Dienstleister „The Sunflowers“ und „Magaritos GmbH & Co. KG“ sind mit 78% und 74% nahezu gleich bewertet.

Die „Magaritos GmbH & Co. KG“ zeigt Schwächen bei der räumlichen Entfernung und in der Zuverlässigkeit, denn dieser Dienstleister liegt am weitesten von der Filiale des auslagernden Handelsunternehmens entfernt und hat wegen seiner schlechten Kommunikationsanbindung eine dementsprechend geringere Zuverlässigkeit aufzuweisen.
Der Outsourcing Partner „The Sunflowers“ bekommt den Zuschlag, da er die Kriterien am besten erfüllt. Dabei entsprechen die Zielkritierien Preise/ Konditionen, Zeit, Qualität, räumliche Entfernung (< 50 km) und Zuverlässigkeit genau dem Anforderungsprofil des Handelsunternehmens. Jedoch zeigt das Unternehmen „The Sunflowers“ im zusätzlichen Service und bei der Verpackung Mängel auf. Bevor es endgültig zum Vertragsabschluss kommt, sollten diese Mängel vorher geklärt werden.

### 6.3.6 Der Outsourcing-Vertrag

Bei den Vertragsverhandlungen und beim Vertragsabschluß wird leider oft festgestellt, daß man meist über zu wenige Informationen des ausgewählten Dienstleisters verfügt und die Verträge speziell im Hinblick auf Menge, Leistung oder Prozesse zu ungenau abgeschlossen werden. Erst später erkennt man, daß eine der Vertragsparteien bestimmte Vertragsinhalte anders interpretiert hat. Deshalb sollten bei der Vertragsgestaltung neben den grundsätzlichen Rahmenbedingungen der Kooperation konkrete Leistungsbeschreibungen für die zu vergebenden Prozesse im Vertrag vereinbart werden. Diese müssen den genauen Umfang und die Inhalte der Leistung einschließlich der Ressourcen beinhalten, die durch den externen Partner bereitgestellt werden. Auch die Kosten für Sonder- und Mehrleistungen sollten grundsätzlich geklärt werden, damit keine Kostenfallen bestehen. Darunter fallen z. B. die Kosten für Transport aufgrund saisonaler Bedingungen. Es sollten außerdem Vereinbarungen darüber getroffen werden, wie bei Nichterbringung von Leistungen verfahren wird. Wichtig ist auch, daß der Vertrag hinreichend flexible Regelungen enthält, damit die Vertragspartner erfolgreich zusammenarbeiten können und somit eine Win-Win-Situation entsteht.

### 6.3.7 Die Implementierung von Outsourcing

Die Implementierung schließt den Outsourcing-Prozeß ab. Sie ist die praktische Umsetzung der Entscheidungen und Beschlüsse des Projektteams, wovon auch der Erfolg entscheidend abhängt. Nachdem der Vertrag mit dem externen Dienstleister ausgearbeitet und unterzeichnet wurde, müssen nun die geplanten Maßnahmen zum richtigen Zeitpunkt konkret umgesetzt und ständige Leistungskontrollen durchgeführt werden. Um ein Risiko zu vermeiden, sollte die Implementierungsphase separat geplant, eventuell sogar vertraglich festgehalten und frühzeitig mit den betroffenen Bereichen und Mitarbeitern abgesprochen werden. Um Implementierungsprobleme zu vermeiden, muß das neu ausgearbeitete Konzept in bestehende Kontexte integriert werden [IN1].

## 6.4 Aktuelle Provider mit jeweiliger Trendentwicklung

### 6.4.1 Third Party Logistics Provider (3PLP)

Logistikdienstleister konkurrieren mit den unterschiedlichsten Produkten und Geschäftsmodellen um die lukrativen Aufträge von Unternehmen. Eines dieser Geschäftsmodelle wird als Third-Party-Logistics-Provider (3PLP) bezeichnet [LAT02]. In der Regel handelt es sich bei einem 3PLP um ein weiterentwickeltes Speditionsunternehmen, das zusätzlich zu seinen bisherigen Leistungen weitere Value Services in sein Angebot aufgenommen hat, um sich so von seinen Wettbewerbern abzuheben. Diese Zusatzleistungen ermöglichen dem 3PLP die Teilnahme an Wertschöpfungsketten, in denen er für seine Kunden eigenverantwortlich Systemlösungen anbietet. Er setzt hierbei sowohl seine eigenen Ressourcen als auch die von anderen Logistikunternehmen ein.

Die vertraglich festgelegte Dauer der Zusammenarbeit reicht bei einem 3PLP von kurzfristig mit häufig wechselnden Kunden bis zu einem langfristigen Auftritt als Systemdienstleister mit einem festen Kundenstamm. Das Leistungsspektrum der 3PLP besteht darin, daß sie prinzipiell jede Aktivität innerhalb der Supply Chain eines Verladers übernehmen können. Darunter darf allerdings nicht die klar abgegrenzte Zusammenstellung einzelner Aktivitäten verstanden werden. Vielmehr sind die Übergänge fließend. Dies gilt insbesondere für den Bereich Informationstechnologie, da Aktivitäten, die in diesen Bereich fallen, essentieller Bestandteil von allen anderen Aktivitäten, wie z.B. Warehousing, Transportdienstleistungen, Zollabfertigung und Frachtenkonsolidierung, sind.

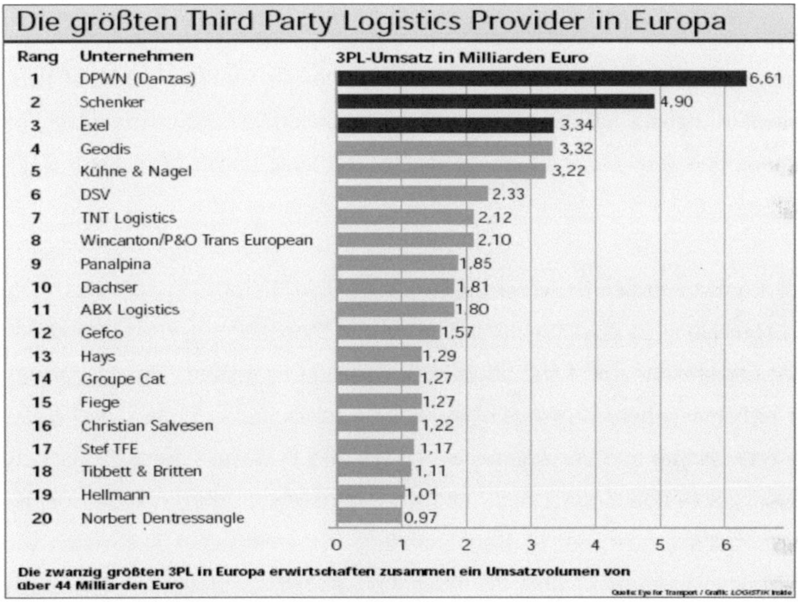


Abb.: 6-3 Third Party Logistic Provider

### 6.4.2 Fourth Party Logistic Provider (4PLP)

Die immer anspruchsvollere, unternehmensübergreifende Steuerung, das Supply Chain Management (SCM), entfernt sich immer deutlicher von der Kernkompetenz der Auftraggeber. Ein alternatives Betreibermodell im SCM, das Konzept des Fourth-Party-Logistics-Providers (4PLP), soll dem ein Ende bereiten: Ein externer Logistik-Integrator oder Generaldienstleister übernimmt hier die Beratung, Planung, Steuerung und Optimierung der gesamten Prozeßkette. Damit schiebt sich ein neuer Dienstleistungsbereich zwischen die herkömmlichen Logistikanbieter und deren Kunden.

In der Theorie handelt der 4PL-Provider neutral. Als Dienstleister mit langfristiger, strategischer Zielsetzung stellt er die IT-Plattform für den Informationsaustausch, wählt Dienstleister aus und bietet dem Auftraggeber Prozeßtransparenz, Kostenreduzierung sowie das komplette Auftragsmanagement an. Das Lösungsmodell 4PLP wird von Beratungsunternehmen und Softwareherstellern forciert.
Insbesondere die weltweit agierenden Logistik-Dienstleister, die sich in den vergangenen Jahren als Third-Party-Logistic-Provider und Systemdienstleister positioniert haben, sehen folglich lukrative Geschäftsfelder schmelzen. Ihr Gegenmodell zum 4PLP ist das Konzept des Lead-Logitics-Providers (LLP) [IN31].

### 6.4.3 Lead Logistics Provider (LLP)

Die Entwicklung im Zusammenhang mit neuen Dienstleistergeschäftsmodellen in der Logistik hat zum Lead Logistic Provider (LLP) geführt. Dieses Konzept wird sich mit hoher Wahrscheinlichkeit im Logistikmarkt durchsetzen, da es eine Erweiterung und Verallgemeinerung des 4PLP-Modells darstellt. Bei dem LLP-Konzept übernimmt das Logistikunternehmen die Aufgabe eines Generaldienstleisters, der im Kundenauftrag alle anfallenden Tätigkeiten von der Dienstleisterauswahl über die Integration bis hin zur Steuerung der Supply Chain übernimmt. Viele Unternehmen, besonders diejenigen, die über Landesgrenzen hinweg tätig sind, wünschen sich von ihrem Logistik-Service-Provider ein anspruchsvolleres Serviceangebot, einschließlich der Übertragung von Eigentum und Verantwortung für ihre logistischen Unternehmungen. Um ein solches Prozeßmanagement bieten zu können, muß der LLP fundierte Kenntnisse über die Geschäfte seines Kunden sowie über dessen Betriebsabläufe und die zugehörigen Kunden und Lieferanten haben [IN14].

## 6.5 Zusammenfassung und Ausblick

Beim *Outsourcing* handelt es sich um einen Prozeß der Auslagerung von bislang im Unternehmen erbrachten Leistungen an einen meist externen

Dritten. Dabei existieren unterschiedliche Arten von Providern wie z.B. der 3PLP, der 4PLP und der LLP. Zudem unterscheidet man zwischen einer Auslagerung (*externes Outsourcing*) und einer Ausgliederung (*internes Outsourcing*).

Der Outsourcing- Prozeß wird in sechs Phasen untergliedert. Als erstes erfolgt eine IST-Analyse, die dem Unternehmen potentielle Outsourcing-Chancen aufzeigt und vor allem Transparenz sowie eine erste Bewertung ermöglicht. Anschließend muß eine Make-or-Buy-Entscheidung getroffen werden, um eine Ermittlung der eigenen Kernkompetenzen sicherzustellen. Nach dieser Phase wird nach einer durchgeführten Nutzwertanalyse mit den jeweiligen potentiellen Outsourcing-Kandidaten Kontakt aufgenommen. Um nun eine Entscheidung zugunsten eines Providers treffen zu können, müssen die jeweiligen Informationen miteinander abgeglichen werden. Die letzten beiden Phasen dienen der Vertragsabhandlung sowie der Implementierung.

Outsourcing ist mit vielfältigen Chancen wie einer Teilung des Risikos mit dem Dienstleister, einer höheren Wirtschaftlichkeit und mit Kostenvorteilen verbunden. Daneben zeigen sich aber auch Risiken, gekennzeichnet durch hohe Abhängigkeit, beträchtliche Anbahnungs-, Kommunikations- und Koordinationskosten, einen Know-how-Verlust sowie einen möglichen Imageverlust.

Es hat sich gezeigt, daß jede Outsourcing-Strategie einer individuellen Entscheidungsgrundlage bedarf. Die Lieferanten-Kunden-Beziehung im Outsourcing entwickelt sich zu einer partnerschaftlichen Zusammenarbeit, wodurch das Risiko im Handel durch die Risikoteilung mit dem externen Dienstleister kalkulierbarer wird.

# 7. Wartung und Instandhaltung

## 7.1 Einführung in den Themenbereich Instandhaltung

Das Thema Instandhaltung ist für Unternehmen in der modernen und globalisierten Wirtschaftswelt zu einem Faktor geworden, der die Existenzgrundlage der Unternehmen und die Produktion von Wirtschaftsgütern wesentlich beeinflussen kann. Die Instandhaltung der Produktionsanlagen ist genauso wichtig wie die Qualifikation der Mitarbeiter in der Produktion und wie die zur Produktion notwendige Materialwirtschaft.

Nach DIN 31051 sind unter dem Begriff *Instandhaltung* alle „Maßnahmen zur Bewahrung und Wiederherstellung des Soll-Zustandes und zur Beurteilung des Ist-Zustandes von technischen Mitteln eines Systems“ zusammengefaßt.

Weiterhin muß darauf hingewiesen werden, daß das Instandhaltungsmanagement genauso straff organisiert sein muß wie das Produktionsmanagement, da nur durch einwandfrei funktionierende Produktionsanlagen gleich bleibende Qualität und konstante Produktionskosten gewährleistet werden können. Das Potential des Instandhaltungsmanagements zeigt sich in drei verschiedenen Gründen, die eine Instandhaltung erforderlich machen:

1) betriebswirtschaftliche
2) volkswirtschaftliche
3) technische Gründe.

Zu den betriebswirtschaftlichen Gründen kann angemerkt werden, daß die Instandhaltungskosten der Produktionsanlagen im Vergleich zu den Produktionskosten überproportional steigen. Je nach Anlage oder Maschine liegen die Instandhaltungskosten zwischen 8 und 16 % des Wiederbeschaffungswerts. In diesem Zusammenhang sind die Begriffe Zuverlässigkeit, Lebensdauer und Ausfall bedeutsam und sollen daher im Folgenden erläutert werden.

*Zuverlässigkeit:*

Unter Zuverlässigkeit wird der Teil der Qualität verstanden, der das Verhalten der Einheiten während einer vorgegebenen Zeitspanne bei vorgegebenen Anwendungsbedingungen betrifft.

Nach DIN40041 ist die Zuverlässigkeit (dependability) definiert als Fähigkeit einer Einheit, während oder nach vorgegebenen Zeitspannen bei vorgegebenen Anwendungsbedingungen die Zuverlässigkeitsanforderung zu erfüllen. In dieser Definition ist der Begriff Zuverlässigkeit umfassend zu verstehen. Im Bereich technischer Systeme ist Zuverlässigkeit gleichzusetzen mit Funktionsfähigkeit (reliability), der „Eignung einer Einheit (aus technischer Sicht: Bauelement, Baugruppe, Gerät, Anlage etc.), eine geforderte Funktion unter vorgegebenen Anwendungsbedingungen für eine vorgegebene Zeitspanne zu erfüllen".

Die Zuverlässigkeit einer Einheit wird auf statistischem Wege ermittelt. Dabei wird stets ein Kollektiv gleicher Einheiten betrachtet. Der Zuverlässigkeitswert dient zur quantitativen Erfassung von Unsicherheiten und wird daher als Wahrscheinlichkeit bestimmt. Bei Untersuchungen zur Zuverlässigkeit einer Einheit geht man davon aus, daß diese zwei Zustände annehmen kann, nämlich *funktionsfähig* oder *ausgefallen*.

Es wird unterschieden zwischen reparierbaren und nicht reparierbaren Einheiten. Reparierbare Einheiten können nach einem Ausfall mit Instandsetzungsmaßnahmen wieder in den Zustand „funktionsfähig" versetzt werden. Zur Charakterisierung der Zuverlässigkeit reparierbarer Einheiten werden die Zufallsgrößen *Ausfallabstand* (Zeitspanne vom jeweiligen Einsatzbeginn der Einheit bis zum nächsten Ausfall) und *Ausfalldauer* (Zeitspanne vom jeweiligen Einsatzende bis zum nächsten Wiedereinsatz) verwendet. Nicht reparierbare Einheiten können dagegen aus dem Zustand „ausgefallen" nicht mehr in den Zustand „funktionsfähig" versetzt werden. Dazu zählen auch solche Systeme, bei denen eine Wiederherstellung zwar technisch möglich ist, aus wirtschaftlichen Erwägungen aber unterbleibt. Die Zuverlässigkeit einer nicht reparierbaren Einheit charakterisiert man durch eine Zufallsvariable T, die *Lebensdaue*r. Darunter versteht man die Zeit, in der die Einheit funktioniert oder stillsteht, aber auf jeden Fall noch betriebsbereit ist. Die Lebensdauer ist nicht zu verwechseln mit dem Begriff der *Betriebsdaue*r, der Zeitmenge, in der eine Einheit in Funktion ist, d. h. „betrieben" wird.

*Lebensdauer:*

Die Lebensdauer eines Produkts ist die Zeit bis zum Ausfall. Mit Zeit können konkrete Zeiteinheiten (Stunden, Tage, Monate) gemeint sein, die Zeit kann aber auch in der Anzahl von Lastwechseln, Schaltvorgängen oder der Laufleistung usw. angegeben sein.

*Ausfall:*

Beim Ausfall unterscheidet man zwei Arten:

1. Sprungausfall: plötzlicher Übergang in die Funktionsunfähigkeit, z.B. Reifen platzt
2. Driftausfall: definiertes Ende, z.B. Reifenprofiltiefe von 1,6 mm ist erreicht.

Schon hier sieht man, daß das Thema Instandhaltung für jedes Unternehmen eine wesentliche Rolle in der innerbetrieblichen Kostenrechnung spielen muß. Im Jahre 1989 wurde in Deutschland durch alle Wirtschaftssubjekte ein Gesamtinstandhaltungsaufwand in Höhe von 226 Mrd. DM betrieben, was damals ca. 10 % des Bruttosozialprodukts entsprach. Aus diesen Zahlen ersieht man, daß das Thema Instandhaltung kein Nischendasein führen darf, da es große volkswirtschaftliche Auswirkungen hat.

Auch die technischen Gründe für die Instandhaltung machen ein modernes Konzept notwendig, da durch die Komplexität moderner Maschinen und Anlagen einerseits, andererseits durch synchronisierte Abläufe der Materialwirtschaft, wie z.B. *Just in Time* oder *Just in Sequence*, ein reibungsloser Einsatz der Produktionsanlagen gewährleistet sein muß.

Unternehmen sollten aus diesem Grund Instandhaltungspläne für ihre Anlagen aufstellen, in denen bereits im Vorfeld verschiedene Maßnahmen geregelt sind, wie z.B.:

1. Qualifikation des Instandhaltungsteams
2. evtl. Outsourcing der Instandhaltungsmaßnahme

3. Instandhaltungszeitpunkte (z.B. Werksferien)
4. Instandhaltungsmaßnahmen
5. der dauerhafte Nutzungsvorrat
6. die Materialwirtschaft für Ersatzteile.

Abschließend kann gesagt werden, daß die Instandhaltung aufgrund zunehmender Verkettung und automatisierter Produktion dieselben Logistiksysteme benötigt wie die Produktion. Dies sind unter anderem die in der KGVL® dargestellten Konzepte und Maßnahmen, wie z.B. die Erfüllung der Logistikaufgabe in Gestalt der sieben „R“ der Logistik, d.h.

- die *richtige Menge*
- der *richtigen Objekte*
- am *richtigen Ort*
- mit der *richtigen Information*
- zum *richtigen Zeitpunkt*
- in der *richtigen Qualität*
- zu den *richtigen Kosten*

zur Verfügung zu stellen.

Instandhaltungsmaßnahmen sollten von den Unternehmen nicht als „Cost-Center“, sondern als „Profit-Center“ gesehen werden, da nur durch den kontinuierlichen Verbesserungsprozeß (KVP) in der Instandhaltung eine nachhaltige Wertschöpfung für das Unternehmen gewährleistet werden kann.

## 7.2 Ziele der Instandhaltung

Das Ziel der Instandhaltung ist die Sicherstellung einer möglichst hohen Anlagenverfügbarkeit und die Gewährleistung der Sicherheit der Produktionsanlagen. Die Umsetzung der Instandhaltungsziele sollte dabei zu möglichst geringen Kosten erfolgen. Diese Situation in der Instandhaltung zeigt den klassischen Zielkonflikt. Die gestiegenen Anforderungen müssen zu geringeren Kosten erfüllt werden (s. Abb. 7-1). Zur Lösung dieses Konfliktes existieren verschiedene Ansätze, wie neue Instandhaltungsstrategien, neue Organisationskonzepte, Outsourcing von Instandhaltungsaufgaben und der Einsatz moderner IT- Systeme.

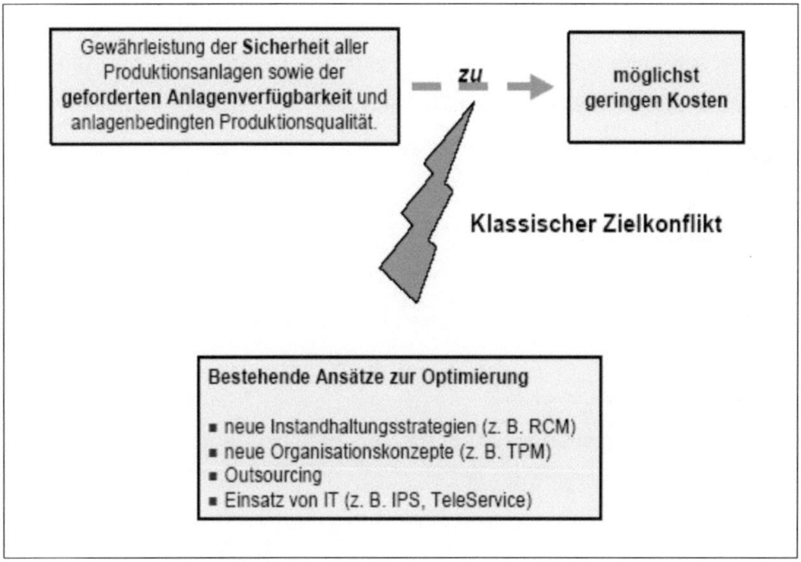


Abb. 7-1: Zielkonflikte bei der Instandhaltung

## 7.3 Zuverlässigkeitsvoraussage mit Hilfe einer Lebensdauer-Wahrscheinlichkeitsverteilung

Eine quantitative Zuverlässigkeitsaussage kann nur unter Einsatz einer geeigneten Wahrscheinlichkeitsverteilung für die Lebensdauer des betrachteten Objekts getroffen werden. Die für die Praxis wichtigsten Lebensdauerverteilungen sind die Exponentialverteilung und die WEIBULL-Verteilung. Die Exponentialverteilung gilt für konstante Ausfallrate und stellt deshalb die einfachste Form einer Lebensdauerverteilung dar. Die WEIBULL-Verteilung gilt für beliebig zeitabhängige Ausfallrate, insbesondere in dem in der Praxis in der Regel

verwendeten Fall einer Potenzfunktion für die Ausfallrate mit zusätzlich zum Exponenten noch ein oder zwei weiteren also insgesamt 2 bzw. 3 Parametern. Die WEIBULL-Verteilung mit potenzförmiger Ausfallrate enthält als Sonderfall die Exponentialverteilung, stellt also eine Verallgemeinerung dieser einfachsten Form einer Lebensdauerverteilung dar. In den folgenden beiden Abschnitten wollen wir auf diese beiden Verteilungen näher eingehen, wobei folgende Bezeichnungen und Begriffe aus der Stochastik verwendet werden.
Die *Zufallsveränderliche Lebensdauer* wird mit T bezeichnet und die Wahrscheinlichkeit, daß diese Zufallsveränderliche *den Zeitwert t nicht überschreitet* mit P(T <= t). Diese Wahrscheinlichkeit stellt die *Verteilungsfunktion F(t) der Zufallsveränderlichen T* dar und ist gleich der *Ausfallwahrscheinlichkeit* des betrachteten Objekts, d.h. es gilt:

*Ausfallwahrscheinlichkeit*: F(t) := P(T <= t), Lebensdauer-Verteilungsfunktion.

Die *Überlebenswahrscheinlichkeit* R(t) ist gegeben durch die Gegenwahrscheinlichkeit: R(t) := P(T > t) = 1 – P(T <= t)
= 1 – F(t).

Da eine Verteilungsfunktion das Integral über die zugehörige Wahrscheinlichkeitsdichte ist, ist diese selbst auch die Ableitung der Verteilungsfunktion, sodaß gilt:

*Ausfalldichte*: f(t) = $\frac{dF(t)}{dt}$.

Enthält die zu unersuchende Grundgesamtheit N Objekte, dann erhält man mit Hilfe der Überlebenswahrscheinlichkeit R(t) bzw. der Ausfallwahrscheinlichkeit F(t) folgende Ergebnisse für den Zeitpunkt t:

Anzahl noch intakter Objekte : n(t) = N * R(t),
Anzahl defekter Objekte : m(t) = N * F(t) = N - n(t).

Anmerkung zur Bezeichnungsweise:

In den folgenden Abschnitten wird T nicht mehr als Bezeichner für die Zufallsvariable Lebensdauer ( Zeit ) benötigt und daher anderweitig verwendet. In neuer Bedeutung, bezeichnet T einen Verteilungsparameter, die sog. *charakteristische Lebensdauer* in der Exponentialverteilung und der WEIBULL-Verteilung.

### 7.3.1 Die Exponentialverteilung

Für die Exponentialverteilung gilt folgendes:

Ausfallrate: $\lambda$ = 1/T , wobei

Charakteristische Lebensdauer: T (Definition s. unten);

Erwartungswert der Lebensdauer (Mittelwert) = $1/\lambda$ = T mit Schätzwert bei *nicht instandsetzbaren* Objekten : MTBF (Mean Time *Between* Failure) oder bei *instandsetzbaren* Objekten: MTTF (Mean Time *To* Failure);

Ausfallwahrscheinlichkeit:

$$F(t) = 1 - Exp(-\lambda t)\text{ , }(Exp(x) = \text{Exponentialfkt.});$$

Überlebenswahrscheinlichkeit:

$$R(t) = 1 - F(t) = Exp(-\lambda t);$$

Ausfalldichte: $f(t) = d/dt( F(t) ) = \lambda Exp(-\lambda t) = \lambda R(t)$;

Anzahl zur Zeit t noch intakter Objekte bei Ausgangszahl N (bei t=0):

$$n(t) = N * R(t) = N*Exp(-\lambda t) ;$$

Anzahl zur Zeit t defekter Objekte :

$$m(t) = N - n(t) = N (1 - Exp(-\lambda t)).$$

Definition der charakteristischen Lebensdauer T:

T ist durch den charakteristischen Wert R(T) der Überlebenswahrscheinlichkeit zu diesem Zeitpunkt festgelegt gemäß:

$$R(T) = Exp(-\lambda T) := Exp(-1) = 1 /e = 1 / 2{,}71828 = 0{,}3679.$$

D.h. die charakteristische Lebensdauer T ist die Zeit, bis zu der n(T)/N = R(T) = 36,79% der betrachteten Objekte intakt sind. Beispielsweise ist die charakte-

ristische Lebensdauer eines PKW erreicht, wenn nur noch 36,79% der Fahrzeuge intakt sind.
Um den Gebrauch der Exponentialverteilung zur Zuverlässigkeitsbestimmung von Bauelementen zu zeigen, betrachten wir das folgende

Beispiel:
500 Bauelemente eines bestimmten Typs werden in einem Lebensdauerversuch getestet. Es ist bekannt, daß die Lebensdauer dieser Bauelemente exponentialverteilt ist. Nach 1000 h sind 5 Bauelemente ausgefallen.
Zu bestimmen ist die Anzahl der Bauelemente, die 25 000 h überleben.

Lösung:
Die Ausfallquote 5/500 in 1000h kann als Schätzwert für die Ausfallrate $\lambda$ verwendet werden. Dies ergibt:

$$\lambda = \frac{5}{500 \cdot 1000h} = \underline{\underline{10 \cdot 10^{-6}\ 1/h}}$$

Der Mittelwert und die charakteristische Lebensdauer betragen daher

$T = 1 / \lambda = 100\,000$ h.

Für die Anzahl der Bauelemente mit einer Lebensdauer t > 25 000 h erhält man somit:

n(t) = N * R(t) = 500 * R(25000h) = 500 * Exp(-25000/100000) =

= 500 * Exp(-0,25) = 389 Teile überleben,

m(t) = 500 – n(t) = 111 Teile fallen aus.

Grundsätzlich kann gesagt werden, daß ein Ausfall von ca. 22 % einen sehr hohen Wert darstellt, der eine Modifizierung des Bauteils auf Herstellerseite nach sich ziehen sollte. Aus der Sicht des Instandhaltungsmanagements sollten aufgrund dieses Ergebnisses geeignete Instandhaltungsmaßnahmen ergriffen werden, um einen Ausfall der betroffenen Maschine zu verhindern. Hier empfiehlt sich die zustandsorientierte, vorbeugende Inspektionsstrategie, da der Abnutzungsvorrat meßbar ist.

### 7.3.2 Die WEIBULL-Verteilung

Für die WEIBULL-Verteilung gilt allgemein:

Ausfallwahrscheinlichkeit ( Verteilungsfunktion):

$$F(t) = 1 - Exp(- L(t))$$

mit einer beliebigen, monoton wachsenden Funktion L(t), für die außer der Monotonie nur die beiden Bedingungen: $L(t) = 0$ für $t <= t_0$ und $L(+\infty) = +\infty$ erfüllt sein müssen.

Überlebenswahrscheinlichkeit: $R(t) = 1 - F(t) = Exp(- L(t))$.

Die in der allgemeinen WEIBULL-Verteilung im Exponenten der e-Funktion auftretende Funktion L(t) steht, wie die in Anhang A2 durchgeführten Überlegungen zeigen, in enger Beziehung zu der auf die Zeitänderung bezogenen, relativen, d.h. auch auf die zur Zeit t noch vorhandene, intakte Anzahl von Objekten bezogenen Abnahme der Anzahl dieser Objekte, also zu der Ausfallrate $\lambda$(t). Die Beziehung lautet:

$$\frac{dL(t)}{dt} = \lambda(t) \quad \text{gleichbedeutend mit} \quad L(t) = \int_0^t \lambda(\tau) d\tau .$$

Für die Ausfalldichte der allgemeinen WEIBULL-Verteilung erhält man daher das Ergebnis:

$$\begin{aligned} f(t) &= \frac{dF(t)}{dt} = \frac{d}{dt}(1 - Exp(-L(t))) \\ &= \frac{dL(t)}{dt} Exp(-L(t)) = \lambda(t) Exp(-L(t)) \\ &= \lambda(t) R(t) . \end{aligned}$$

Für die Anzahl, der zur Zeit t noch intakten Objekte aus einer Grundgesamtheit vom Umfang N gilt:

$$n(t) = N * R(t) = N * Exp(-L(t))$$

und damit für die Anzahl der defekten Teile:

$$\begin{aligned} m(t) &= N - n(t) = N * (1 - R(t)) = N * F(t) \\ &= N * (1 - Exp(-L(t))). \end{aligned}$$

Durch spezielle Wahl der die Verteilungsfunktion F(t) bestimmenden Funktion L(t) oder der mit ihr durch Integration bzw. Differentiation verbundenen Ausfallrate $\lambda(t)$ kann man spezielle WEIBULL-Verteilungen definieren. In der praktischen Anwendung wird wie schon vom „Erfinder“ und Namensgeber W. WEIBULL vor rund 50 Jahren in mehreren Veröffentlichungen vorgeschlagen (s. [Wei51], [Wei59], [Wei67]) die dreiparametrige Klasse der Potenzfunktionen gewählt:

$$L(t) = \left(\frac{t - t_0}{T}\right)^b, t \geq t_0, b > 0$$

$$\lambda(t) = \frac{dL(t)}{dt} = \frac{b}{T}\left(\frac{t - t_0}{T}\right)^{b-1}$$

mit den 3 Parametern: Neigung/Steilheit b, charakteristische Lebensdauer T und Zeitverschiebung $t_0$. Wir wollen diese Form der Verteilung als *Standard-WEIBULL-Verteilung* bezeichnen.

In der Praxis wird die Zeitverschiebung häufig mit $t_0 = 0$ angenommen oder so gewählt, daß alle in Betracht kommenden Zeiten (deutlich) über dem Verschiebungswert $t_0$ liegen. Mit der Wahl $t_0 = 0$ erhält man die 2-parametrige Standard-WEIBULL-Verteilung mit der Ausfallwahrscheinlichkeit:

Verteilungsfunktion: $F(t) = 1 - Exp(-\left(\frac{t}{T}\right)^b), t \geq 0, b > 0$

und der Überlebenswahrscheinlichkeit: $R(t) = Exp(-\left(\frac{t}{T}\right)^b)$

sowie der Ausfallrate: $\lambda(t) = \left(\frac{b}{T}\right)\left(\frac{t}{T}\right)^{b-1}$

und der Ausfalldichte: $f(t) = \lambda(t) Exp(-\left(\frac{t}{T}\right)^b)$.

Für den Erwartungswert der Standard-WEIBULL-Verteilung gilt:

$$\mu = t_0 + T * \Gamma\left(1 + \frac{1}{b}\right)$$

und für die Varianz: $\sigma^2 = T^2 \left[ \Gamma(1+\frac{2}{b}) - \Gamma^2(1+\frac{1}{b}) \right].$

Tafelwerte für die Gamma-Funktion $\Gamma(x)$ finden sich z.B. in [AS65].

Um wesentliche Eigenschaften der Standard-WEIBULL-Verteilung zu erkennen, ist eine Fallunterscheidung für den Exponentenparameter b vorzunehmen. Wir betrachten dazu die Ausfallrate $\lambda(t)$ für die 2-parametrige Standard-WEIBULL-Verteilung.

*Fallunterscheidung:*

I. 0 < b <1 :

Die Ausfallrate $\lambda(t)$ zeigt abfallenden Verlauf mit den Koordinatenachsen als Asymptoten.

Beispiel: b = ½ = 0,5 (s. Abb. 7-2I);

$$\lambda(t) = \frac{0,5}{T} t^{-0,5} = \frac{1}{2T} \frac{1}{\sqrt{t}}.$$

II. b = 1:

Ausfallwahrscheinlichkeit: F(t) = 1 – Exp(-t/T),

Ausfalldichte: f(t) = (1 / T) Exp(-t/T), d.h. Exponentialverteilung. Diese ist der einfache Sonderfall der Standard-WEIBULL-Verteilung für die Ausfallrate $\lambda$ = 1/T = const (s. Abb. 7-2).

III. b > 1:

(Monoton) wachsende Ausfallrate.

Beispiel a) b = 1,5 (s. Abb. 7-2)

Zunächst steiler, dann immer schwächer werdender Anstieg der Ausfallrate (Ordinatenachse ist Tangente im Ursprung):

$$\lambda(t) = \frac{1,5}{T} t^{0,5} = \frac{3}{2T} \sqrt{t}.$$

Beispiel b) b = 2 (s. Abb. 7-2)

Linearer Anstieg der Ausfallrate $\lambda(t) = \frac{2}{T} t.$

Beispiel c) b = 3 (s. Abb. 7-2)

Zunächst schwacher (Abszissenachse ist Tangente im Ursprung), dann parabolisch stärker werdender Anstieg der Ausfallrate

$$\lambda(t) = \frac{3}{T} t^2 .$$

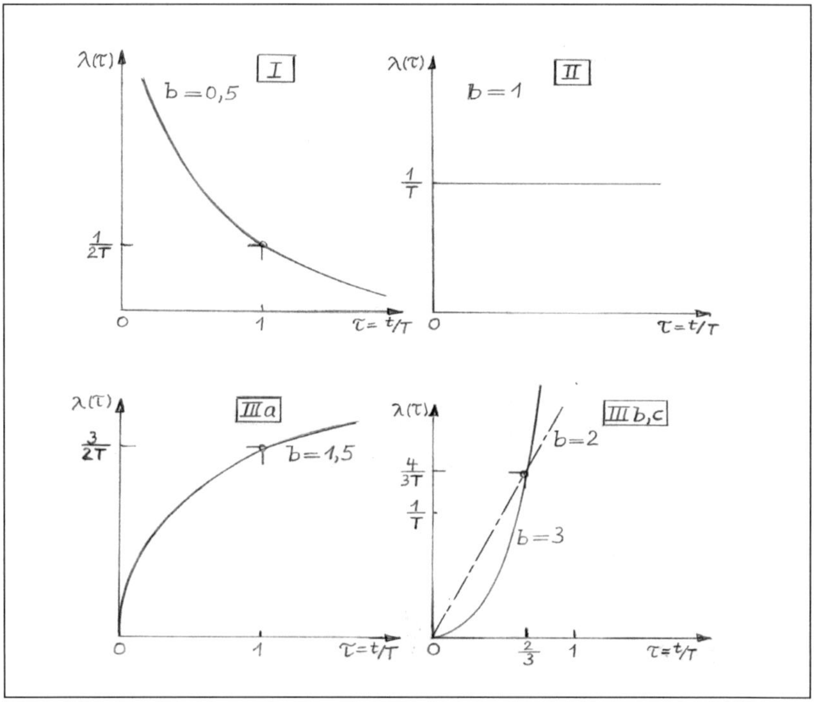


Abb. 7-2: Ausfallrate für charakteristische Beispielfälle des Exponentenparameters b der WEIBULL-Verteilung

Zur Schätzung der beiden Parameter b, T (bei vorher festgelegtem Wert für den Lageparameter $t_0$) kann man folgende aus der Verteilungsfunktion folgende Beziehung verwenden:

$$\ln( 1/(1 - F(t) ) = L(t).$$

Mit dem Potenzansatz für die Funktion L(t) bei der Standard-WEIBULL-Verteilung folgt daraus durch nochmaliges Logarithmieren:

$$y := \ln(\ \ln(\ 1/(1 - F(t)\ )\ )\ ) = b \ln(\ (t - t_0)\ /T) = b \ln(t - t_0) - b \ln(T)$$
$$=: b * x - c \quad \text{mit} \quad x := \ln(t - t_0) \text{ und } c := b * \ln(T).$$

Dies ist im CARTESischen (x, y)-Achsensystem eine Gerade mit Steigung b und y-Achsenabschnitt -c, woraus der Parameter T, die charakteristische Lebensdauer, zu

$$T = \mathrm{Exp}(c/b)$$

zu bestimmen ist. Als Daten für die Parameterschätzung nach der *Methode der Kleinsten Quadrate* mit Hilfe einer *Regressionsgeraden* werden aus einer Meßreihe zugehörige Schätzwerte für die Verteilungsfunktion F(t) zu entsprechenden Zeitwerten t sowie eine geeignete Festlegung des Lageparameters $t_0$ benötigt (häufig einfach der Anfangszeitpunkt $t_0 = 0$ oder ein Zeitpunkt, der mit Sicherheit unterhalb jedes möglichen Zeitwertes liegt).

Die aus der Regressionsgeraden berechneten Werte für die Parameter b, T können als Ausgangsnäherungen für die statistische Schätzung nach der *Maximum-Likely-Methode* , die auf ein nicht-lineares Gleichungssystem für die Parameter führt, benutzt werden.

Auf weitere Einzelheiten im Zusammenhang mit der WEIBULL-Verteilung können wir hier nicht eingehen, sondern verweisen auf die Spezialliteratur, z.B. [GHS66], [FH08], [IN35], [Wei51], [Wei59], [Wei67].

### 7.3.3 Ausfallwahrscheinlichkeit für trogförmige Ausfallrate λ

Die Ausfallrate λ verändert sich im Laufe der Lebenszeit vieler Produkte. Der typische Verlauf wird in der sog. „Badewannenkurve" erfasst, die folgende drei Phasen umfasst (s. Abb. 7-3).

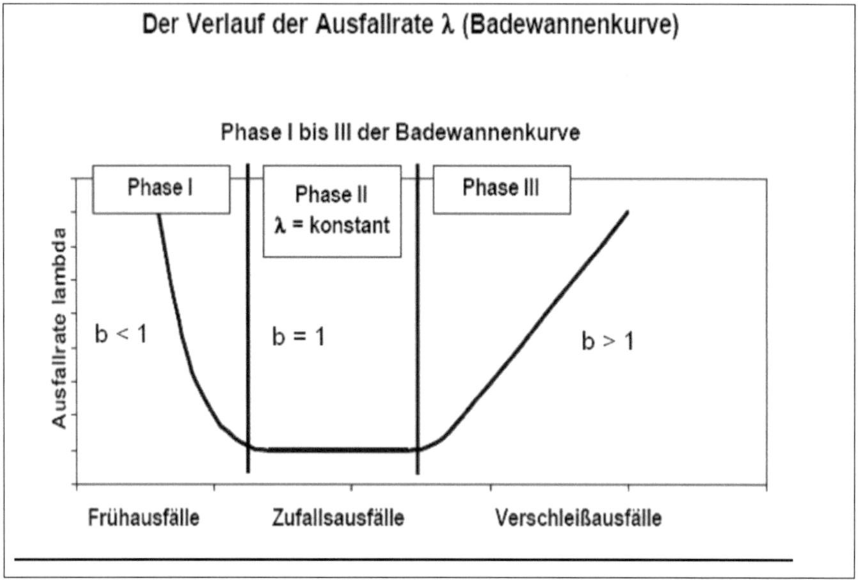


Abb. 7-3: Trogförmige Ausfallrate („Badewannenkurve“)

*Phase I: Frühausfälle*

Diese kommen durch Produktionsfehler zustande, durch deren Behebung die Ausfallrate kurzfristig absinkt. Folgende Verbesserungsmaßnahmen kommen in Betracht: Versuche, Einführung einer Nullserie, Fertigungskontrolle, Qualitätssicherung.

Beispiel:

Weichlötstellen, die mangels Flußmittel "Kaltlötstellen" sind, haben zwar bei der Inbetriebnahme Kontakt (sind im Prüffeld in Ordnung), gehen aber nach kurzer Zeit zu Bruch (kein Kontakt).

*Phase II: Zufallsausfälle*

Es findet fast kein Verschleiß statt. Ausfälle sind (relativ) selten. Die Ausfallrate ist konstant. Maßnahmen während dieser Phase: Korrekte Bedienung und Wartung, angemessener Einsatz.

Beispiele:

Der Totalausfall eines neuen, eingefahrenen PKW kommt nur als Folge eines Unfalls (Zufall) vor. Halbleiterbauelemente zeigen in der Regel ebenfalls dieses Ausfallverhalten.

*Phase III: Verschleißausfälle*

Es kommt zunehmender Alterungsverschleiß zustande. Ausfälle treten häufiger auf und die Ausfallrate steigt wieder an.

Beispiel:

Verrußen von Zündkerzen, Korrosionsschäden, Verschleiß an Wälzlagern, Verderben von Lebensmitteln und Medikamenten.

Zur Phase III kann gesagt werden, daß es eine Vielzahl von Möglichkeiten gibt, um die Lebensdauer einer Maschine oder Produktionsanlage zu verlängern. Diese reichen von einem sinnvollen Instandhaltungsmanagement bis hin zur Aufarbeitung und/oder Umrüstung mit moderneren Materialien und Werkstoffen.

Abschließend wollen wir noch die Ausfallwahrscheinlichkeit F(t) für eine durch einen Streckenzug, d.h. stückweise linear dargestellte Näherung der trogförmigen Ausfallrate angeben. Mit den 5 Datenwerten: $\lambda_0$ für die konstante Ausfallrate in der Phase II und den beiden Zeitpunkten $t_A$, $t_B$ zur Begrenzung dieser Phase sowie den beiden Steigungen $m_A < 0$ , $m_B > 0$ der linear abfallend bzw. ansteigend verlaufenden Ausfallraten in der Phase der Frühausfälle (Phase I) bzw. der Verschleißausfälle (Phase III) erhält man, wie in Anhang A 3 gezeigt, das folgende Ergebnis. Die allgemeine WEIBULL-Verteilung mit der Verteilungsfunktion (Ausfallwahrscheinlichkeit) F(t) = 1 – Exp(-L(t)) hat die Exponentenfunktion:

$$L(t) = \int_0^t \lambda(\tau) d\tau \, ;$$

$$L(t) = \lambda_0 t + (-m_A)t(t_A - t), (m_A < 0); 0 \le t \le t_A;$$

$$L(t) = \lambda_0 t + (-\frac{m_A}{2})t_A^2; t_A \le t \le t_B;$$

$$L(t) = \lambda_0 t + (-\frac{m_A}{2})t_A^2 + \frac{m_B}{2}(t - t_B)^2, (m_B > 0); t \ge t_B.$$

In Anhang A 3 findet sich auch eine andere Vorgehensweise, die die explizite Verwendung der trogförmigen Ausfallrate vermeidet und stattdessen unter Verwendung einer Meßreihe bzw. von Schätzwerten für die Ausfallwahrscheinlichkeiten die Verteilungsfunktion für diesen Fall stückweise aus 3 Verteilungsfunktionen der Standard-WEIBULL-Verteilung zusammensetzt.

## 7.4 Instandhaltung und Kundenerwartung

Genau denselben Anspruch, den Kunden an Unternehmen stellen, wenn sie ein Ersatzteil brauchen, z.B. beim Zahnriemenwechsel bei der Autoinspektion nach 100.000 Kilometern, sollten die Unternehmen an sich selbst bei Instandhaltungsmaßnahmen richten. In den USA werden pro Jahr ca. 700 Mrd. $ im Servicebereich ausgegeben. Dies entspricht 8 % des Bruttosozialprodukts. Hier zeigt sich der Anspruch des Kunden an die Hersteller von Wirtschaftsgütern: Manchmal benötigt der Kunde ein Ersatzteil innerhalb von zwei Stunden, ein anderes Mal verliert er erst nach drei Tagen die Geduld. Hieraus ist zu ersehen, welche Ansprüche ein Unternehmen an sich selbst bzw. an die Hersteller seiner Produktionsanlagen und Maschinen stellen muß, um gewisse Vorgaben, wie Produktivität, Umsatz und Gewinn planmäßig erfüllen zu können. Jedoch darf das Unternehmen nicht den Fehler begehen, die Instandhaltungspläne eines Produktionsstandortes unangepaßt auf einen anderen, der sich womöglich auf einem anderen Kontinent befindet, zu übertragen, da die Instandhaltungsmaßnahmen nicht nur von der Produktion, sondern auch von äußeren Gegebenheiten, wie z.B. klimatischen Bedingungen, abhängen.

Auf alle diese Einflüsse muß das moderne Instandhaltungsmanagement eingehen, da sonst die Instandhaltung im schlimmsten Fall ihren Zweck nicht erfüllt und durch falsche Instandhaltung Maschinen vorzeitig, d.h. vor Vollendung ihrer kalkulierten Lebensdauer, ausfallen. Im günstigsten Fall wäre es nur eine

Verschwendung von Ressourcen, wie Material, Geld und menschlicher Arbeit durch Produktionsausfall. Dies muß aber vermieden werden, da sonst die Ziele der Unternehmen nicht erfüllt werden können.

## 7.5 Grundstrategien der Instandhaltung

Instandhaltungspläne müssen eine Strategieplanung enthalten, nach der die Instandhaltung durchgeführt werden soll. Im Zuge der Gesamtkostenminimierung lassen sich zwei Möglichkeiten festlegen:

1. Verfolgen einer bestimmten Fertigungssicherheit bei gleichzeitiger Minimierung der Vorbeugekosten und der Kosten der Ausfallbeseitigung.
2. Festlegung eines Budgets für die Vorbeugekosten und Instandhaltungskosten, sowie Maximierung der damit erzielbaren Fertigungssicherheit.

Unter einer Instandhaltungsstrategie versteht man die Festlegung von Instandhaltungstätigkeiten nach Art und Zeitpunkt und der jeweiligen Kombination. Mögliche Tätigkeitsarten sind Warten und Inspizieren, das vorbeugende Austauschen von Elementen, sowie das Instandsetzen von erwarteten oder unerwarteten Schäden. Mögliche Zeitpunkte für die Instandhaltung können symmetrisch (variabel oder periodisch) oder unsymmetrisch (fallweise oder extensiv) sein.

Zeitlich variable Instandsetzung läßt sich weiter in *Inspektion* und *sequentielle Instandhaltung* unterteilen. Die Festlegung der Maßnahmenstrategie erfolgt nach der Zustandskontrolle (Art der Belastung, Alter usw.).

Es können drei Grundstrategien unterschieden werden:

1. ausfallbedingte *Feuerwehrstrategie*
2. die periodisch vorbeugende *Präventivstrategie*
3. die zustandorientierte, vorbeugende *Inspektionsstrategie.*

Abb. 7-4: Grundstrategien der Instandhaltung

Die ausfallsbedingte Instandhaltungsstrategie sollte nur dort angewendet werden, wo Anlagen nur wenig genutzt werden und wo Produktionsunterbrechungen zu keinen Lieferschwierigkeiten führen. Weiterhin sollte diese Strategie nur bei Anlagen angewendet werden, die keine Sicherheitsanforderungen haben.

Für Anlagen, bei denen bisher keine Erfahrungswerte bzgl. des Ausfallsverhaltens vorliegen, empfiehlt sich die vorbeugende Instandhaltung. Auch bei Maschinen und Anlagen, die einer gesetzlichen Vorschrift unterliegen, die turnusgemäße Inspektionen erfordert, und bei solchen, durch deren Ausfall eine Gefährdung von Menschen vorliegen würde, sollte vorbeugend instandgehalten werden.

Die zustandorientierte Instandhaltung wendet man an, wenn der Abnutzungsvorrat meßbar ist. Diese Strategie ermöglicht eine weitgehende Nutzung ohne Ausfälle.

## 7.6 Instandhaltungslogistik

Gerade in der Prozeßindustrie, bei der die Produktion, der Produktionsprozeß und das Endprodukt im Vordergrund stehen, wird die Instandhaltungslogistik oft vernachlässigt. Folgen davon sind oftmals extrem hohe Lagerbestände, durch geringes Einkaufsvolumen ungünstige Lieferkonditionen sowie das Mitführen von Altbeständen für zum Teil nicht mehr genutzte Maschinen und Anlagen.

Zu dem Bereich der Instandhaltungslogistik gehört auch der gesamte Komplex des Retourenmanagements für Austausch- und Reparaturteile sowie die Entsorgung von Alt- und Verschleißteilen und von gefährlichen Betriebsstoffen, die fachgerecht entsorgt werden müssen. Ähnliche Probleme und Defizite sind auch in anderen Branchen zu finden, nämlich immer dort, wo die Instandhaltungslogistik keinen direkten Einfluß auf die Wettbewerbsfähigkeit der Endprodukte hat.

Zu den Instandhaltungsmaterialien zählen alle Teile und Materialien, die nicht direkt in das verkaufsfähige Endprodukt eingehen, sondern den Herstellungsprozeß unterstützen. So gehören neben den klassischen Ersatz-, Austausch- und Verschleißteilen auch die sog. Betriebsstoffe, wie z.B. Öle, Fette und Lösungsmittel zu den Instandhaltungsmaterialien. Ein weiterer großer Bereich sind die Instandhaltungswerkzeuge. Hier werden Handwerkzeuge, Prüfwerkzeuge, Sonder- und Spezialwerkzeuge sowie Maschinenwerkzeuge (wie z.B. mechanische und CNC Werkzeuge, Formen und Modelle) unterschieden.

*Ausblick:*

Das Umfeld produzierender Unternehmen ist in den letzen Jahren durch einen zunehmenden Wettbewerbsdruck gekennzeichnet. Industrieunternehmen vollbringen große Anstrengungen, um die ökonomischen Parameter, die die Wettbewerbsfähigkeit ihrer Anlagen und ihres Handelns steigern, zu verbessern. Die Instandhaltung entwickelt sich zu einem Schlüssel des wirtschaftlichen Erfolges. Durch die effiziente Nutzung technischer Produktionsanlagen, die Minimierung des dafür notwendigen Ressourceneinsatzes sowie eine steigende Qualität der zu erbringenden Instandhaltungsleistungen trägt die Instandhaltung wesentlich dazu bei, den Erfolg eines Unternehmens langfristig zu sichern. Aufgrund der Komplexität, die die Ganzheitlichkeit in der Logistik bedingt, und des Integrationsgrades, der mit der Vernetztheit in der Logistik in Verbindung steht, sind Bezüge zum Konzept der KGVL® klar zu erkennen.

## 7.7 Anlagen- und Anlagenbetriebsoptimierung

Ziel ist es, zuverlässige und instandhaltungsgerechte Produkte und Konstruktionen zu entwickeln, die einen möglichst geringen Instandhaltungsaufwand verursachen. Daher sollte bereits bei der Konstruktion von Maschinen an eine spätere Instandhaltung gedacht werden. Ziele der Vereinfachungen sollen sein:

- Identifizierbarkeit
- Zugänglichkeit
- Austauschbarkeit
- Reinigungsmöglichkeit
- Schmierbarkeit
- Zerlegbarkeit

von Konstruktionen, Bauteilen und Baugruppen.

Vor allem sollte die Verbesserung der Konstruktion angestrebt werden, da es unzweckmäßig und unbefriedigend ist, Instandhaltungsmaßnahmen optimieren zu müssen, die durch eine mangelhafte Konstruktion verursacht werden. Deshalb ist die zentrale Forderung, zuverlässige und instandhaltungsgerechte Produkte und Konstruktionen zu entwickeln, die einen möglichst geringen Instandhaltungsaufwand verursachen. Diese Ziele können erreicht werden durch

- Optimierung der Zuverlässigkeit
- Verringerung des Instandhaltungsaufwands
- Berücksichtigung spezifischer Einsatzbedingungen.

Die Erfüllung der Teilziele des instandhaltungsgerechten Konstruierens wird am besten im Rahmen einer umfassenden Instandhaltungskonzeption realisiert. Weiterhin sollte bereits bei der Produktentwicklung die spätere Instandhaltung eine wesentliche Rolle spielen. Dazu dienen folgende Maßnahmen:

- Besondere konstruktive Maßnahmen zu Erzielung optimaler Instandhaltungseigenschaften
- Einhaltung und Nachweis von Arbeitsaufwandszeiten für spätere Instandhaltung im Betrieb
- Verwirklichung bestimmter Inspektions- und Wartungskonzepte
- Einhaltung der geforderten Zuverlässigkeit.

Anhaltspunkte für den Konstrukteur zur Realisierung einer instandhaltungsgerechten Konstruktion sind:

- Kennzeichnung:

  Die eindeutige Kennzeichnung von Bauelementen, Arbeitsvorgängen sowie Ein- und Ausbauregeln ist für die Instandhaltung wichtig, da von einer kleinen Instandhaltungsmannschaft oft ein großer Maschinenpark mit verschiedenen Maschinen betreut wird.
- Zugänglichkeit:

  Die Person, die Zugang zu bestimmten Geräten, Baugruppen, Maschinenteilen oder Bauelementen haben muß, bestimmt maßgeblich die Zugänglichkeit.
- Austauschbarkeit:

  Austauschvorgänge sollten einfach und schnell durchzuführen sein, die Anzahl erforderlicher Personen muß so gering wie möglich gehalten werden.
- Wartbarkeit

  Eine gute Wartbarkeit durch einfache, schnelle und wirksame Pflege- und Reinigungsmöglichkeiten, leichte Nachfüll- und Entleerbarkeit von Betriebsstoffen und möglichst geringen Schmierungsaufwand kann durch eine Vielzahl konstruktiver Einzelmaßnahmen erreicht werden.
- Inspizierbarkeit:

  Häufig scheitert die Inspektion daran, daß maschinenseitig die Voraussetzungen zur Durchführung von Inspektionen nicht gegeben sind. Oft sind funktionswichtige Bauelemente aus verschiedenen Gründen schlecht zugänglich.

- Instandsetzbarkeit:

  Häufig werden Bauelemente oder Baugruppen nicht für die Gebrauchsdauer der gesamten Anlagen geplant, sondern es wird ein vorzeitiger Austausch aus Verschleiß-, Korrosions-, Alterungs- oder Sicherheitsgründen durchgeführt.

- Standardisierung:

  Als wichtiges Konstruktionsziel wird eine weitgehende Standardisierung angestrebt, um im Produktions- und Fertigungsprogramm eines Herstellers die Variantenvielfalt so gering wie möglich zu halten.

- Transport- und Lagerfähigkeit:

  Die Instandhaltung ist vielfach auch von den Aufgaben Transport, Lagerung und Aufstellung von Maschinen und technischen Anlagen oder Einrichtungen tangiert.

- Arbeitssicherheit des Instandhaltungspersonals:

  Die Arbeitssicherheit der Personen, die an Maschinen und Anlagen arbeiten, ist eine grundlegende Forderung, die bei jeder Konstruktion hohe Priorität hat.

Während der Produktentwicklung in der Entwurfs- und Ausarbeitungsphase ist es oft erforderlich, Konstruktionsalternativen auf ihre Eignung für die Instandhaltung hin zu überprüfen, um eine Bewertung und Auswahl vorzunehmen. Bei der Analyse und Bewertung der Instandhaltbarkeit wird in drei Schritten vorgegangen:

1. Aufgrund von Zuverlässigkeits- und Ausfalldaten bzw. aufgrund von Schätzungen werden die zu erwartenden Instandhaltungsmaßnahmen der betreffenden Baugruppen ermittelt.
2. Der Instandhaltungszeit oder dem Instandhaltungsaufwand wird nach einem bestimmten Index eine Punktzahl zugeordnet.
3. Durch Summation der einzelnen Indizes wird eine Gesamtbewertung der betrachteten Einheit durchgeführt.

Zur Bewertung von Instandhaltungszeit oder Instandhaltungsaufwand werden drei Verfahren angewendet:

- Analytische Verfahren: Detaillierte Erfassung aller zu erwartenden Instandhaltungsaktivitäten. Voraussetzung hierfür ist die genaue Kenntnis des Ausfallverhaltens.
- Kennzahlenverfahren: Abschätzung der Instandhaltbarkeit durch Erfassung charakteristischer Merkmale von Baugruppen und Tätigkeiten. Voraussetzung ist hierbei ein hoher Erfahrungsschatz bei den Durchführenden.
- Checklistenverfahren: Vergleich der vorgeschlagenen Lösungen mit guten, bereits bekannten. Dies ist ein einfaches aber relativ grobes Verfahren.

## 7.8 Total Productive Maintenance (TPM)

TPM (die ganze Produktion umfassende Instandhaltung) ist ein innovatives und betriebsweit greifendes Managementkonzept, das über die systematische und kontinuierliche Verbesserung der Wirksamkeit der Produktionsanlagen die Maximierung von Produktivität, Qualität, Wirtschaftlichkeit und Arbeitssicherheit anstrebt. Zentrale Rolle bei der Umsetzung des TPM-Konzeptes spielt die Belegschaft, die in ihrer Gesamtheit, vom einfachen Fertigungsarbeiter über den Instandhalter bis zum Topmanager, zur engagierten Beteiligung motiviert und zu diesem Zweck entsprechend geschult und trainiert wird. Zu Beginn der 1990iger Jahre beschritt auch die deutsche Autoindustrie in einigen Werken den Weg der TPM. Zu nennen sind hier Ford, Opel und VW.

Das TPM-Konzept umfasst die folgenden fünf Kernelemente:

1) Maximierung der Anlageneffektivität
2) Produktive Instandhaltung über die gesamte Lebensdauer der Anlagen
3) Einbeziehung aller Abteilungen der Unternehmung
4) Beteiligung jedes Mitarbeiters, vom Manager bis zum Anlagenbediener
5) Motivierendes Management der autonomen Kleingruppenaktivitäten.

Die TPM strebt die Beseitigung der „sechs großen Verlustquellen“ an:

1) Verlust durch Anlagenstillstände
2) Rüst- und Einrichtverluste
3) Verluste durch Leerlauf und Kurzstörungen
4) Verluste durch verringerte Taktgeschwindigkeit
5) Verluste durch Anlaufschwierigkeiten
6) Verluste durch Ausschuss und Nacharbeit

mit dem Ziel, die Anlageneffektivität zu steigern.

Die eindeutige Identifikation dieser sechs Verlustfaktoren und ihre präzise meßtechnische Erfassung ist eine unabdingbare Voraussetzung, um die tatsächlich vorhandene Anlagenwirksamkeit festzustellen, und bildet die Ausgangsbasis für TPM, angemessene Maßnahmen zu ihrer Beseitigung einzuleiten. Der von TPM eingeführte Maßstab zur Messung der Anlagenwirksamkeit unter Berücksichtigung des Produktivitäts-, Leistungs- und Qualitätsniveaus der Anlage ist die Gesamtanlageneffektivität (Overall Equipment Effectiveness OEE oder Total Effective Equipment Productivity TEEP).

Untersuchungen in Werken der spanenden Fertigung aus dem Bereich der Automobilindustrie in Deutschland haben eine durchschnittliche Gesamtanlageneffektivität von 50% ergeben. Mit anderen Worten: die eingesetzten Betriebsanlagen leisten praktisch nur die Hälfte ihrer theoretisch realisierbaren Produktivitätskapazität. Eine weitere Untersuchung in den USA und Japan hat ergeben, daß dort Werke mit ähnlicher OEE einen überraschend niedrigen Leistungsgrad besitzen bei sonst hohen Werten von Gesamtnutzungsgrad und Qualitätsrate. Aufgrund dieser Untersuchungen kann man erwarten, daß bei Beseitigung der „versteckten“ Verluste, beträchtliche Produktivitätssteigerungen zu realisieren sind.

Nach der erfolgreichen Implementierung der TPM kann ein OEE-Wert von 85% erreicht werden. Teilziele hierfür sind:

- Gesamtnutzungsgrad von über 90 %:

  Anlagenausfallzeiten, die durch Störungen oder zu langes Rüsten und Einrichten entstehen, sind die gravierendsten Verlustquellen im

Anlagenbetrieb und bewirken enorme Produktivitätsverluste durch Reduzierung der geplanten Verfügbarkeit und Nutzung der Maschinen.

- Leistungsgrad von über 95 %:

  Leistungsverluste entstehen durch die sog. „versteckten" Verlustquellen, die durch Leerläufe und Kurzstopps, verringerte Taktgeschwindigkeit oder Anlaufschwierigkeiten in Erscheinung treten.

- Qualitätsrate von über 99%:

  Qualitätseinbußen entstehen durch fehlerhafte Teile, die entweder in der Anlaufphase einer Anlage oder während der regulären Betriebszeit von schlecht funktionierenden Maschinen oder durch Bedienungsfehler hervorgerufen werden.

Die TPM besteht aus drei Komponenten:

- Autonome Instandhaltung:

  Selbstständige Teams

  Verbesserung der Fähigkeiten

- Umfassende, vorbeugende Instandhaltung:

  Vorbeugende Instandhaltung durch Bedienpersonal

  Vorausschauende Instandhaltung

- Umfassendes Anlagenmanagement:

  Verbesserung der Anlagenleistung

  Erhöhung der Anlagenverfügbarkeit.

Auch am Beispiel TPM wird sichtbar, daß die Instandhaltung mit der Materialwirtschaft zusammenhängt, da sich durch den konsequenten Einsatz der TPM Produktionssteigerungen erzielen lassen und dies natürlich Einfluß auf die Teilelogistik im Unternehmen hat.

## 7.9 Ersatzteilwirtschaft

Die weitaus größte Bedeutung innerhalb der Materialwirtschaft der Instandhaltung hat, vor allem bedingt durch die hohe Kapitalbindung, die Ersatzteilwirtschaft. Aufgabe der Instandhaltungslogistik ist die mengen-, sortiments-, termin- und qualitätsgerechte Versorgung aller Instandhaltungsprozesse mit Instandhaltungsmaterial. Dabei müssen folgende Anforderungen berücksichtigt werden:

- hohe Maschinenverfügbarkeit
- geringer Verbrauch
- geringer Bestand
- hohe Materialverfügbarkeit
- geringe Verwaltungskosten.

Beeinflußt werden die Anforderungen von Bedarfseinflußgrößen und Lagereinflußgrößen, die weiter in technische, wirtschaftliche und organisatorische Gruppen unterteilt werden. Das von der Instandhaltung benötigte Material ist eingeteilt in Wartungsmaterial (Schmierstoffe, Filter, Dichtungen etc.) und Instandsetzungsmaterial (Ersatzteile: Verschleiß- und Reserveteile).

| | | Wartungsmaterial | Instandsetzungsmaterial (Ersatzteile) | |
|---|---|---|---|---|
| | | | Verschleißteile | Reserveteile |
| Bedarfseinflußgrößen | technische | • nutzbare Lebensdauer<br>• Qualitätsanforderungen<br>• Mengen<br>• Anzahl der Anlagen | • theoretische und tatsächliche Lebensdauer<br>• Belastungen der Elemente<br>• Umgebungseinflüsse, Zahl der Anlagen | • Zuverlässigkeit der Elemente<br>• Struktur des Systems<br>• Belastung der Elemente und des Systems |
| | wirtschaftliche | • Kosten des Materials<br>• Normung der Anlagen<br>• wirtschaftliches Risiko im Schadensfall | • wirtschaftliches Risiko im Schadensfall<br>• Kosten des Materials<br>• Normung der Anlagen<br>• geplanter Einsatzzeitpunkt | • wirtschaftliches Risiko im Schadensfall<br>• Folgekosten<br>• wirtschaftlicher Verlust im Falle des Nichtbedarfs |
| | organisatorische | • mögliche Lieferzeit<br>• Sortenzahl<br>• Normung<br>• Umfang der Wartung | • mögliche Lieferzeit, Normung<br>• Einsatzzeit<br>• Umfang der vorbeugenden Instandhaltung | • Garantiezeit der Ersatzteillieferung<br>• vertragliche Absprachen der Anlagennutzung |
| Lagereinflußgrößen | technische | • Lagerflächen und -räume<br>• Lagereinrichtungen<br>• Lagerart | • Transportmittel<br>• Mengen und Größen der Lagergüter | • Qualität der Lagergüter<br>• Lagerstandort<br>• Lebensdauer der Lagergüter |
| | wirtschaftliche | • optimale Bestellungen<br>• Preise der Lagergüter | • Kosten der Bestellungen<br>• Kosten der Lagerung | |
| | organisatorische | • durchschnittliche Lagerdauer<br>• Organisation des Lagers und des Raumnutzungsgrad<br>• Lagerstandorte | | |

Tab. 7-1: Einflußgrößen für die Instandhaltung

Aus Erfahrungswerten können für die Verschleißteile Kennzahlen festgelegt werden, um den ungefähren Lagerbestand zu bestimmen. Bei den Reserveteilen müssen die Instandhaltungsteams die Konstruktion der Maschinen und

Anlagen kennen, da deren Ausfall mit verschiedenen Risiken verbunden ist (technische, wirtschaftliche und organisatorische Risiken, s.o. Tab. 7-1). Durch diese möglichen Risiken zeigt sich auf Grund von hoher Kapitalbindung die Notwendigkeit, genau zu untersuchen und zu berechnen welche und wie viele Ersatzteile vorrätig sein müssen. Dies geschieht unter anderem durch die Bedarfsermittlung.

### 7.9.1 Die Bedarfsermittlung

Die Bedarfsermittlung in der Ersatzteilwirtschaft gehört mit zu den schwierigsten Dispositionsaufgaben in der Materialwirtschaft. Der Grund liegt in der Schwierigkeit, vorauszusagen welche Teile wann und in welcher Menge ausfallen können. Automatische Dispositionen sind daher nur begrenzt möglich. Vielmehr werden Bedarfsentscheidungen unter Berücksichtigung der jeweils vorhandenen Randbedingungen (vorhandene Instandhaltung oder Reparatur, Kosten für Lagerhaltung und Beschaffung etc.) getroffen. Bei der Beurteilung der Höhe des Ersatzteilbedarfs werden folgende Werte hinzugezogen:

1. Anlagenwert
2. Wert und Anzahl der zu lagernden Ersatzteile
3. Ersatzteilbedarf in € je Zeitraum oder Produktionsvolumen
4. Kalkulatorische Abschreibung der Anlage
5. Schadensfolgekosten.

Hieraus leiten sich folgende Verhältniskennzahlen ab:

$$\textit{Spezifischer Ersatzteilbedarf} = \frac{\text{Ersatzteilbedarf in € je Zeitraum}}{\text{Kalkulatorische Abschreibung}}$$

$$\textit{Ersatzteillagerbedarf} = \frac{\text{Wert der zu lagernden Ersatzteile}}{\text{Anlagenwert}}$$

$$\textit{Ersatzteilbezog. Folgekosten} = \frac{\text{Schadensfolgekosten}}{\text{Wert des zu lagernden Ersatzteils}}$$

### 7.9.2 Die Beschaffung von Ersatzteilen

Die Beschaffung von Ersatzteilen richtet sich nach der Vorgehensweise für die Beschaffung von Materialien in der Fertigung. Im Vordergrund der Ersatzteilbeschaffung stehen die Versorgungsziele des Betriebes:

- Versorgungssicherung
- Entsorgungssicherung
- Leistungsoptimierung
- Aufwandsminimierung
- Risikobeherrschung
- Anpassungsflexibilität.

Für den Bedarf an Verschleiß- und Ersatzteilen, der sich aus der zu bevorratenden Menge (Mindestbestand, Jahresbedarf) sowie dem tatsächlich vorhandenen Lagerbestand der Ersatzteilposition ermitteln läßt, ist eine Bestellanforderung mit folgenden Daten zu erstellen:

- Ersatzteilnummer
- Ersatzteilbezeichnung
- teilebeschreibende Daten
- benötigte Mengen
- Bedarfstermin
- evtl. Dringlichkeitsvermerk.

### 7.9.3 Die Lagerhaltung von Ersatzteilen

Die Lagerung der Ersatzteile verursacht Lagerkosten, die sich aus den Kosten für die Bereitstellung des Lagerraumes, für die Verwaltung des Lagers, für die Wertminderung, den Schwund und die Zinsen für das durch das Material gebundene Kapital zusammensetzen. Durch diese Kosten entstehen Zielkonflikte mit den Bestellkosten: Bei langen Bestellperioden entstehen niedrige Bestellkosten und hohe Lagerkosten, während bei kurzen Bestellperioden niedrige Lagerkosten und hohe Bestellkosten entstehen.

Bei Entscheidungssituationen, bei denen die Kosten die entscheidende Rolle spielen, hat man es häufig mit Fällen zu tun, in denen sich die Gesamtkosten additiv aus Teilkosten zusammensetzen, die (im einfachsten Fall) von 1 Variablen abhängen und sich bei Änderung dieser Variablen gegenläufig verhalten, d.h. beim Anstieg dieser Variablen nehmen die einen Teilkosten (monoton) zu während die anderen (monoton) abnehmen (s. Abb. 7-5). In einem solchen Fall ist die Gesamtkostenoptimierung durch Minimierung nicht wie bei einer monotonen Funktion dadurch zu erreichen, daß man die (unabhängige(n)) Variable(n) möglichst klein bzw. möglichst groß macht, denn der zum Gesamtkostenminimum führende Variablenwert liegt irgendwo zwischen diesen Extremen. Wenn sich die Teilkosten in Abhängigkeit von einer (in komplizierteren Fällen auch mehreren) kontinuierlich angenommenen, unabhängigen Variablen geschlossen (formelmäßig) darstellen lassen, dann kann man das Gesamtkostenoptimum mit Mitteln der (Schul-)Mathematik, hier durch Nullsetzen der 1. Ableitung der Teilkostensummenfunktion, bestimmen. Lassen sich die Teilkosten, die von der unabhängigen Variablen x abhängen, in 2 Komponenten $K_1(x), K_2(x)$ bündeln, dann erhält man so die Bestimmungsgleichung für den Optimalwert $x_0$ :

$$\frac{dK(x)}{dx} = \frac{d}{dx}\left(K_1(x) + K_2(x)\right) = \frac{dK_1(x)}{dx} + \frac{dK_2(x)}{dx} = 0 \Rightarrow$$
$$\frac{dK_1(x_0)}{dx} = -\frac{dK_2(x_0)}{dx},$$

d.h. der Optimalwert $x_0$ für minimale Gesamtkosten ist durch die Bedingung festgelegt, daß für ihn die Tangentensteigungen für die beiden Teilkostenfunktionen entgegengesetzt gleich sind (und nicht etwa durch die Schnittabszisse der beiden Teilkostenfunktionen, was allerdings zufälligerweise auch zutreffen kann. Siehe dazu unten die Bemerkung zur ANDLER-Formel).

Im Folgenden wollen wir die oben allgemein beschriebene Vorgehensweise konkretisieren und auf diese Weise in Gestalt der ANDLER-Formel die Lösung für das Problem der Gesamtkostenminimierung bei zwei speziellen, gegenläufigen Teilkostenfunktionen gewinnen.

*Herleitung der ANDLER-Formel*

Die ANDLER-Formel stellt ein Verfahren zur Berechnung der optimalen Bestellmenge in der Materialbeschaffung dar. Optimal bedeutet dabei, daß die Gesamtkosten, die sich als Summe von Bestellkosten und Lagerkosten in Abhängigkeit von der Bestellmenge ergeben, für die optimale Bestellmenge minimal ausfallen (s. Abb. 7-5).

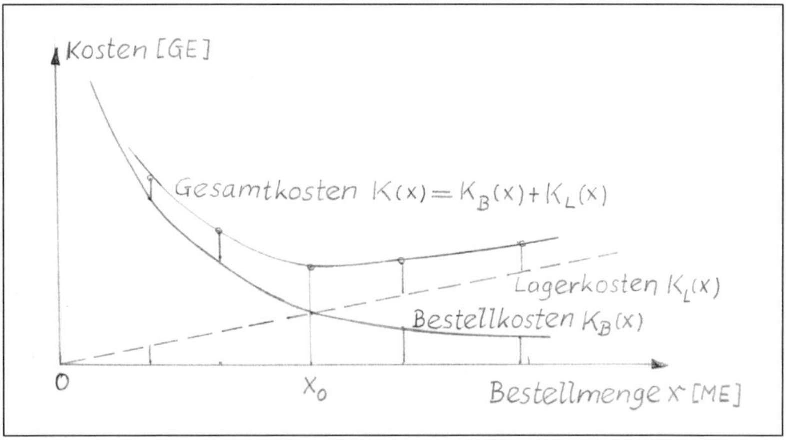


Abb. 7-5: Graph der Kosten zur Erläuterung der ANDLER- Formel

Betrachtet man die Bestellmenge x als kontinuierliche Veränderliche im Intervall $0 \leq x < \infty$ , und sind die Parameter

B : Bedarf in ME pro Jahr, $k_f$ : bestellfixe Kosten pro ME

p : Einstandspreis pro ME, q : Lagerkostensatz

von der Bestellmenge x unabhängig, also konstant, dann gilt:

Bestellkosten : $K_B(x)$ = Bestellhäufigkeit X bestellfixe Kosten

= $\frac{B}{x} k_f$ : hyperbelförmig abnehmender Verlauf

Lagerkosten : $K_L(x)$ = mittlerer Bestand X Einstandspreis pro ME X

X Lagerkostensatz

$= \frac{x}{2}pq$ : mit Steigung ½ pq ansteigende Gerade.

Damit folgt für die Gesamtkostenfunktion:

$$K(x) = K_B(x) + K_L(x) = Bk_f * \frac{1}{x} + \frac{1}{2}pq * x$$

und daraus durch Nullsetzen der Ableitung nach x die Bedingung für die optimale Bestellmenge $x_0$:

$$\frac{dK(x_0)}{dx} = Bk_f\left(-\frac{1}{x_0^2}\right) + \frac{1}{2}pq = 0 \Rightarrow \qquad x_0 = \sqrt{\frac{2Bk_f}{pq}}$$ , ANDLER-Formel.

Für die zugehörigen minimalen Kosten gilt:

$$K_0 := K(x_0) = \sqrt{2Bk_f pq}.$$

Bemerkung:

Die optimale Bestellmenge $x_0$ ist (zufälligerweise) auch gleich der Abszisse des Schnittpunktes der Hyperbel für die Bestellkosten mit der Geraden für die Lagerkosten, denn es gilt:

$$K_B(x_0) = \sqrt{\frac{1}{2}Bk_f pq} = K_L(x_0).$$

In Anhang A 4 finden sich die Graphen für vier Beispiele für Entscheidungssituationen mit ebenfalls gegenläufigen Teilkostenfunktionen, für die das Optimierungsproblem der Gesamtkostenfunktion in analoger Weise zur ANDLER-Formel behandelt werden kann.

Mit den Formeln für die optimale Bestellmenge und den zugehörigen minimalen Kosten lassen sich Sensitivitätsanalysen wie in Anhang A 5 gezeigt durchführen.

Obwohl die ANDLER-Formel eine exakte Berechnung der optimalen Bestellmenge erlaubt, ist zu beachten, daß bei der Lagerhaltung von Ersatzteilen für alle Teile ein *Eiserner Bestand* auf Lager sein muß, der auf keinen Fall unterschritten werden darf, um im Schadensfall keinen Produktionsausfall zu riskieren. Nur in Ausnahmefällen kann auf den Eisernen Bestand verzichtet werden, nämlich dann, wenn es sich um sog. *kritische Ersatzteile* handelt. Dies ist z.B. der Fall, wenn es sich z. B. um eine Vielzahl von Kleinteilen handelt, deren

Stückpreis zwar gering, deren Gesamtanzahl aber zu groß ist. Dann werden bevorzugt Informationen in Form von z. B. Konstruktionsplänen oder Bauplänen von Ersatzteilen etc. an Stelle der einzelnen Ersatzteile selbst gelagert. Ein weiteres Beispiel für ein kritisches Ersatzteil ist ein Ersatzteil mit sehr hohem Stückpreis, das eine Kapitalbindung in großem Umfang zur Folge hätte, sodaß erst untersucht werden muß, ob eine Lagerung überhaupt wirtschaftlich wäre. Eventuell kann dann auch hier der Eiserne Bestand unterschritten werden.

Wegen der Bedeutung der Verfügbarkeit einer Maschine oder Anlage für die Fertigung ist bei der Entnahme von Ersatzteilen ein schneller Zugriff sicherzustellen. Deshalb ist der Standort eines Ersatzteillagers so auszuwählen, daß für das Instandhaltungspersonal möglichst kurze Wegezeiten entstehen. Bei der Festlegung der Lagerplätze innerhalb des Ersatzteillagers müssen deshalb die Entnahmehäufigkeit, die Gleichartigkeit von Teilen, Anlagenart, Sicherheitsbestimmungen, Größe und Gewicht sowie die speziellen Lagerbedingungen berücksichtig werden.

### 7.9.4 Verfahren zur Verbesserung der Ersatzteilwirtschaft

Zur Überwachung und ständigen Verbesserung der Ersatzteilwirtschaft sollten regelmäßige Analysen durchgeführt werden. Dies geschieht durch Bestands- und Verbrauchsanalysen, in denen u.a. untersucht wird, welche Materialien und Ersatzteile in der Betrachtungsperiode verbraucht oder auch nicht verbraucht wurden, sowie durch Beschaffungsanalysen, durch die die Preise und Lieferzeiten sowie die Liefertreue der Hersteller untersucht werden. Ziel ist eine optimale Bedarfsermittlung.

Die ABC-Analyse sowie die XYZ-Analyse sind in der Praxis die am weitesten verbreiteten Vorgehensweisen. Erst durch die Kombination von werte- und verbrauchsbezogenen Analysen (ABC/XYZ-Analyse) lassen sich die vorhandenen Bestandssenkungspotentiale optimal ausschöpfen.

Die ABC-Analyse stellt eine Entscheidungshilfe bei der Beschaffung, Lagerung und Verteilung von Material dar. Sie unterscheidet drei Gruppen, die nach Anzahl und Wert der beschafften bzw. verbrauchten Materialpositionen (Materialgruppen) oder der Bestellungen, der Lieferantenrechnungen, des Umsatzwertes der Lieferanten, der Reklamationen, der Bestandswerte oder der Entnahmehäufigkeit eingeteilt werden. Die Rangfolge der drei Gruppen stellt sich in der Materialwirtschaft wie folgt dar. Je nachdem welcher Bereich der Materialwirtschaft mittels der ABC-Analyse untersucht wird, bedeutet:

Gruppe A: wichtig / hochwertig / umsatzstark
Gruppe B: mittelwichtig / mittelwertig / mittlere Umsatzstärke
Gruppe C: weniger wichtig / niedrigwertig / umsatzschwach.

Mit Hilfe der XYZ-Analyse werden die Materialien entsprechend der Vorhersagegenauigkeit ihres Verbrauchs nach X-, Y- und Z-Teilen unterschieden. Hierbei versteht man unter X-Teilen Materialien, deren Verbrauch als konstant anzusehen ist und mit einer sehr hohen Vorhersagegenauigkeit disponiert werden kann. Der Verbrauch der Y-Teile unterliegt stärkeren Schwankungen, die trendgesteuert oder auch saisonbedingt ausgelöst werden können. Man geht von einer mittelmäßigen Vorhersagegenauigkeit aus. Der Verbrauch der Z-Teile kann nur schwer vorhergesagt werden, da er völlig unregelmäßig verläuft.

Durch die Kombination der ABC- mit XYZ-Analyse erhofft man sich Ergebnisse für die Materialwirtschaft, da die Wertigkeit eines Gutes und seine Verbrauchsvorhersagegenauigkeit zahlreiche Entscheidungen in der Materialwirtschaft beeinflussen.

Die ABC/XYZ-Analyse stellt bei Anwendung in der Ersatzteilwirtschaft ein Hilfsmittel zur Entscheidung der Frage dar, ob und in welcher Menge ein Ersatzteil zu bevorraten ist. Bei der Bewertung der Ersatzteile darf nicht nur deren Anschaffungswert angesetzt werden, sondern es müssen unbedingt auch mögliche Folgekosten beachtet werden, die z.B. durch die Stillsetzung von Maschinen oder Anlagen entstehen können, wenn Ersatzteile nicht vorrätig sind. Beispiele für verschiedene Schadensfolgekosten werden im folgenden Abschnitt genauer erläutert.

| Vorhersagegenauigkeit \ Wertigkeit | A | B | C |
|---|---|---|---|
| X | Hoher Wertanteil<br>Konstanter Bedarf<br>Hohe Vorhersagegenauigkeit | Mittlerer Wertanteil<br>Konstanter Bedarf<br>Hohe Vorhersagegenauigkeit | Niedriger Wertanteil<br>Konstanter Bedarf<br>Hohe Vorhersagegenauigkeit |
| Y | Hoher Wertanteil<br>Schwankender Bedarf<br>Mittlere Vorhersagegenauigkeit | Mittlerer Wertanteil<br>Schwankender Bedarf<br>Mittlere Vorhersagegenauigkeit | Niedriger Wertanteil<br>Schwankender Bedarf<br>Mittlere Vorhersagegenauigkeit |
| Z | Hoher Wertanteil<br>Unregelmäßiger Bedarf<br>Niedrige Vorhersagegenauigkeit | Mittlerer Wertanteil<br>Unregelmäßiger Bedarf<br>Niedrige Vorhersagegenauigkeit | Niedriger Wertanteil<br>Unregelmäßiger Bedarf<br>Niedrige Vorhersagegenauigkeit |

Tab. 7-2: Eigenschaften einer Klassifizierung mittels ABC/ XYZ- Analyse

*Eine weitere Vorgehensweise zur Entscheidungsunterstützung in der Ersatzteilwirtschaft zeigt die folgende Tabelle Tab. 7-3 zu deren Erläuterung ein Beispiel dienen soll.*

Ersatzteilwirtschaft für den Tankdeckel eines Gabelstaplers

*Produktionsausfallrisiko:* keine Auswirkung auf die Produktion

*Sonstige Kriterien:*

1. Kosten : gering
2. Wiederbeschaffungszeit : gering
3. Beurteilung : Zeitpunkt des Ausfalls gut meßbar (aus Erfahrungswerten)
4. Reparaturmöglichkeit : gut

*Gesamtergebnis : günstig.*

| | | Auswirkungen auf die Produktion | | |
|---|---|---|---|---|
| | | keine Auswirkung | Beeinträchtigung | Ausfall |
| Sonstige Kriterien | günstig | V | III | III |
| | mittel | IV | III | II |
| | ungünstig | IV | II | I |

Erklärung der Einträge:

I : unbedingte Eigenlagerung
II : Kombination von Konsignationslager und Fremdlagerung
III : Fremdlagerung mit Bestand (garantierter Zugriff)
IV : Fremdlagerung ohne Bestand
V : keine Lagerung

Tab. 7-3: Kriterien für verschiedene Formen der Einlagerung von Ersatzteilen

Nach Prüfung der einzelnen Kriterien muß der Tankdeckel des Gabelstaplers in der Tabelle Tab. 7-3 in das Kästchen V eingeordnet werden. Demzufolge ist keine Lagerung von Tankdeckeln erforderlich.

## 7.10 Instandhaltungskostenrechnung

Die Instandhaltung soll den langfristigen Unternehmenserfolg sichern, indem sie die Verfügbarkeit der Produktionsanlagen erhält bzw. wiederherstellt, um somit Güter produzieren zu können. Sie muß rationell und kostengünstig sein. Um nach dem wirtschaftlichen Grundprinzip (Aufwände minimieren und Erträge maximieren) arbeiten zu können, müssen Instandhaltungsziele und ein

Kostenrahmen vorgegeben werden. Die Instandhaltungsrechnung muß die Fragen klären, welche Kosten wo, wann und wofür anfallen und wer dafür verantwortlich ist bzw. wer deren Veranlasser ist. Es soll nicht der Instandhaltungsaufwand isoliert minimiert werden, sondern der Gesamtnutzen des Unternehmens optimiert und das Kapital rentabel eingesetzt werden. Dazu werden die Kosten gemäß verschiedener Kostenarten erfaßt, auf die Kostenstellen als deren Verursacher umgelegt und schließlich mit den Produkten als Kostenträger verrechnet.

Als die fünf natürlichen Kostenarten werden unterschieden:

AK: Arbeitskosten ( Löhne, Gehälter, Lohnnebenkosten, etc.)
MK: Materialkosten ( Roh-, Hilfs- und Betriebsstoffkosten etc.)
KK: Kapitalkosten ( Zinsen, Abschreibung, Kapitalwagnisse etc.)
FK: Fremdleistungskosten ( z.B. Reparaturen, Transport etc.)
GK: Kosten der Gesellschaft ( Steuern, Gebühren, Abgaben, Beiträge etc.).

### 7.10.1 Kostenarten- und Kostenstellenrechnung

Instandhaltungskosten lassen sich nach folgenden für die Instandhaltung spezifischen Kostenarten aufteilen:

PK: Personalkosten für Instandhalter
EK: Ersatzteil- und Materialkosten
BK: Betriebsmittelkosten für verwendete Maschinen und Meßgeräte
HK: Betriebshilfsstoffkosten, z.B. für Öle, Fette, Reinigungsmittel
FK: Fremdleistungskosten für externe Instandsetzung
GK: Gemeinkosten.

Innerhalb dieser Kostenarten kann weiterhin nach fixen, variablen oder direkten und indirekten Kosten unterschieden werden.

Während durch die Kostenarten die Gesamtkosten nach ihrer Entstehung strukturiert werden, ordnet die Kostenstellenrechnung die anfallenden Instandhaltungskosten den Kostenverursachern zu.

Die Verrechnung auf die Kostenstellen erfolgt nach einer Struktur, die einerseits eine möglichst elementare, andererseits eine wahrheitsgemäße Kostenzurechnung gewährleisten muß. Je genauer die Kosten ihren Kostenstellen zugeordnet werden, desto detaillierter kann die Schwachstellenanalyse durchgeführt werden, durch die die wichtigsten Kostenverursacher ermittelt und damit eine Instandhaltungsstrategie nach wirtschaftlichen Kriterien festgelegt werden können. Die Verrechnung auf Kostenstellen muß deshalb funktional und objektbezogen sein, damit Schwachstellen- und Wirtschaftlichkeitsanalysen sowie richtige Rationalisierungs- und Investitionsplanungen für einzelne Objekte und Funktionsbereiche durchgeführt werden können.

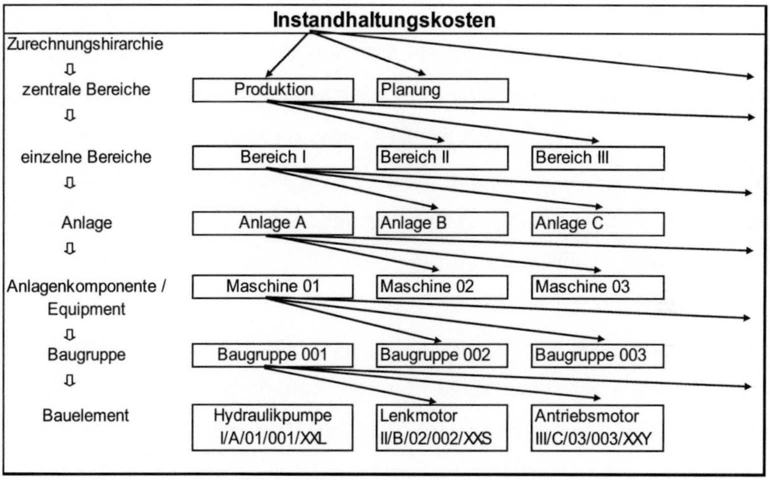


Abb. 7-6: Aufgliederung von Instandhaltungskosten

Durch die Kostenträgerrechnung werden die Instandhaltungskosten den Erzeugnissen eines Unternehmens zugeordnet. Sie ist ein wichtiges Instrument bei der Kalkulation und des Produktmanagements, da die auf ein bestimmtes Produkt entfallenden Anteile der Instandhaltungskosten stückbezogen ermittelt werden können.

### 7.10.2 Gliederung der Instandhaltungskosten

In der Instandhaltungsrechnung werden die Kosten der Vermeidung von Schäden den Kosten der Schäden und ihrer Behebung gegenübergestellt. Daher muß unterschieden werden zwischen Wartungs-, Inspektions- und Instandsetzungskosten. Außerdem müssen die Kosten des Schadens und die Folgekosten beachtet werden.

*Wartungskosten* entstehen in den folgenden Kostenarten:

PK als Kosten für Wartungspersonal,

EK für Ersatzteile, Dichtungen, Schrauben usw.,

BK für verwendete Geräte,

HK für Reinigungs- und Schmiermittel,

GK Gemeinkosten.

Bereits hier müssen eventuelle Schadensfolgekosten beachtet werden, falls z. B. für die Wartung eine Maschine oder eine Anlage stillgesetzt werden muß. Der Aufwand für die Wartungskosten ist jeweils den Ersparnissen gegenüberzustellen. Beispielsweise entsteht einerseits eine Kostenerhöhung bei der Wartung einer Anlage im Mehrschichtbetrieb, wenn die Anlage stillgesetzt werden muß, und andererseits würden sich die Personalkosten bei der Wartung in Freischichten z.B. an Wochenenden erhöhen.

*Inspektionskosten*, d.h. Kosten von vorbeugenden Instandsetzungsmaßnahmen, können wie Wartungskosten behandelt werden. Als zusätzliche Kostenart treten Materialkosten für ersetzte Teile auf. Durch vorbeugende Instandsetzungsmaßnahmen können Schäden mit hohen Folgekosten (Zerlegeprozesse, Stillstandszeiten) vermieden werden. Inspektionsarbeiten sind über einen längeren Zeitraum mit konstanten Kosten planbar, da sie nach einem festen Inspektionsplan durchgeführt werden.

*Instandsetzungskosten* entstehen in den folgenden Kostenarten:

PK als Kosten für Instandsetzungspersonal,

EK für Ersatzteile,

BK für verwendete Geräte,

HK für Reinigungs- und Schmiermittel,

GK Gemeinkosten.

Instandsetzungskosten sind die Kosten, die bei der Behebung eines Schadens anfallen. Sie sind deshalb leicht zu erfassen, weil sie direkt mit dem Ereignis eines Schadens verknüpft sind. Jedoch müssen auch hier die Schadensfolgekosten beachtet werden. Dazu zählen die folgenden Kosten:

*1.) Vorbeugungs-(Schadenbegrenzungs-) kosten:*

Kosten, mit denen bei Eintritt eines Schadens die Folgekosten möglichst gering gehalten werden sollen.

Beispiele:

Kosten für zusätzliche Bereithaltung von Personal und Werkstoffen

Kosten für Zusatzinvestitionen an Betriebsmitteln

Kosten bereitgestellter Ausweichaufträge

Kosten der Nacharbeitskapazität

Kosten der Reservekapazität.

*2.) Stillsetzungskosten:*

Kosten, die durch die Stillsetzung einer Anlage entstehen.

Beispiele:

Kosten der Fertigungssteuerung

Auslaufkosten der Anlage

Kosten der Stillsetzungsschäden des Betriebsmittels und des Werkstoffes

Konservierungskosten des Betriebsmittels und des Werkstoffes

Transportkosten des Werkstoffes.

*3.) Stillstandskosten:*

Bei einer stillgesetzten Anlage proportional zur Stillstandszeit entstehende Kosten.

Beispiele:

Personalkosten des Stillstandes

Anlagekosten des Stillstandes

Kosten der Stillstandsschäden des Betriebsmittels und des Werkstoffes

Lagerkosten des Werkstoffes

Kosten der Leistungsabnahme anderer Anlagen

Zusätzliche Kosten der Hilfs- und Nebenbetriebe

Kostenzuschlag der Fertigung mit Reservekapazität

Kosten durch den Einsatz von Unterlieferanten

Entgangene Gewinne.

*4.) Wiederanlaufkosten:*

Kosten, die nach einer Fertigungsunterbrechung durch die Wiederaufnahme der Arbeit entstehen.

Beispiele:

Kosten der Fertigungssteuerung

Rüstkosten

Vorbereitungskosten des Betriebsmittels und des Werkstoffes

Anlaufkosten der Anlage

Kosten der Anlaufschäden des Werkstoffes

Transportkosten des Werkstoffes.

*5.) Zusatzlaufkosten:*

Nach dem Wiederanlauf entstehende Kosten.

Beispiele:

Kosten durch Veralterung des Produktes

Kosten zusätzlicher Arbeitsgänge

Kosten wiederholender Arbeitsgänge

Kosten des Nachholbedarfes

Kosten durch Erlöseinbußen

Kosten durch Leistungsabfall der Anlage infolge einer Störung.

Im Falle eines Ausfalls einer Anlage ist nicht nur diese Anlage betroffen, sondern auch vor- und nachgeschaltete Anlagen können beeinträchtigt werden.

Deshalb zählen alle Kosten, die durch das Auftreten und die Dauer eines Schadens über die Instandsetzungskosten hinaus entstehen, zu den Schadensfolgekosten.

### 7.10.3 Kostenerfassung

Die Erfassung erfolgt über die Belege Arbeitsschein, Materialschein und evtl. Bestellanforderung sowie ausgelöste Lieferscheine und Fremdrechnungen. In fortschrittlich gestalteten Kostenabrechnungssystemen ist eine beleglose Datenerfassung und Datenweiterleitung über Barcodelesegeräte und direkte Dateneingabe in Terminals (BDE) realisierbar. Die wesentlichen Informationselemente, die auf den Informationsträgern (Belegen) dargestellt sind, lauten:

| | |
|---|---|
| *Arbeitsschein:* | Auftragsnummer, Personalnummer, Stunden, Berufsgruppennummer, Datum; |
| *Materialschein:* | Auftragsnummer, Kostenstellen-/ Kommissionsnummer, Kurztext, Objektnummer, Materialmenge, Preis; |
| *Bestellanforderung:* | Auftragsnummer, Kurztext, Materialmenge, Preis, Artikelnummer; |
| *EDV-Erfassung:* | Auftragsnummer, Kostenstellen-/Kommissionsnummer, Kurztext, Objektnummer, Berufsgruppennummer, Lohn- bzw. Kostenart, Eröffnungsdatum, Abschlußdatum. |

Die Auftragsnummer ist das Identifikationselement, dem die Daten des Auftrages zugeordnet werden. Diese Datenträger werden als Eingabebelege für die Datenverarbeitung verwendet. Neben den Dokumentationsrechnungen (Kostenarten-, Kostenstellen- und Kostenträgerrechnung) sind die in Abb.7-7 angegebenen Auswertungsmöglichkeiten der Dispositionsrechnung zu unterstützen.

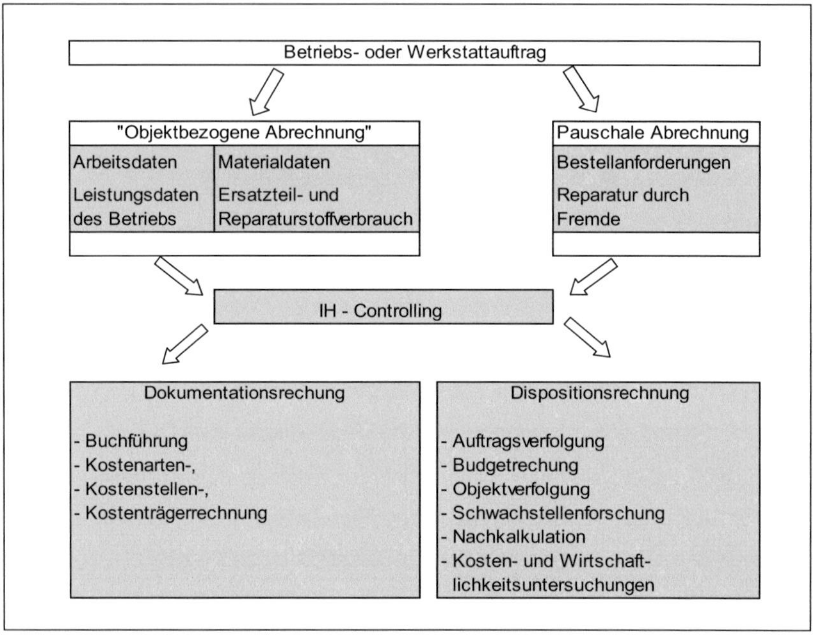


Abb. 7-7: Kostenerfassung und Dispositionsrechnung

### 7.10.4 Kostenplanung

Die Aufgabe der Kostenplanung in der Instandhaltung ist die Optimierung der Gesamtkosten. Trägt man die zu erwartenden Gesamtkosten über den betriebenen Aufwand für Informationsbeschaffung, Prävention und Planung auf, so ergibt sich der in Abb. 7-8 dargestellte Verlauf. Hier ist ebenso wie in Abb.7-5 bei der Herleitung der ANDLER-Formel (s. Abschnitt 7.9.3) der Einfluß gegenläufiger Teilkosten auf die Gesamtkosten und deren Optimum (Kostenminimum) zu erkennen. Weitere Beispiele zu diesem bedeutsamen Sachverhalt sind in Anhang A 4 zusammengestellt.

Bei einem bestimmten Aufwand für Informationsbeschaffung und Planung stellt sich das Minimum der Gesamtkosten ein. Dieser Punkt sollte angestrebt werden, denn hier ist das Risiko des Ausfalls einer Maschine oder Anlage (bewertet mit den Kosten des Schadens und den jeweiligen Folgekosten) betriebswirtschaftlich mit den Kosten der Schadensvorbeugung und Schadensbehebung ausgewogen. Aus dieser Kostenbetrachtung lassen sich einige Regeln ableiten:

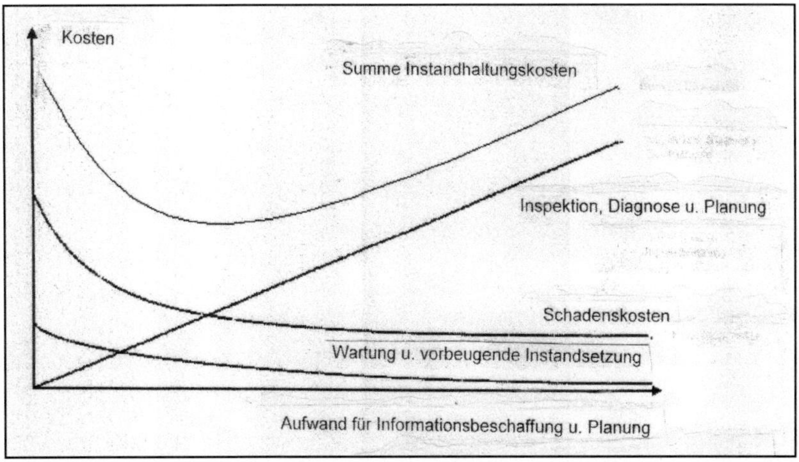


Abb. 7-8: Instandhaltungsgesamtkosten in Abhängigkeit vom Aufwand

Dem Risiko eines Schadens mit den daraus entstehenden Kosten müssen die Aufwendungen für Informationsbeschaffung und vorbeugende Instandhaltungsmaßnahmen gegenübergestellt werden.

Es müssen auch Schadensfolgekosten beachtet werden. Dazu zählen z. B. auch entgangene Gewinne, Verlust von Marktanteilen, Verlust von Produktionsfähigkeit und Prestigeverlust.

Daraus folgt natürlich, daß umso mehr Aufwand für Informationsbeschaffung und vorbeugende Instandhaltungsmaßnahmen betrieben werden muß, je höher das mit Schäden verbundene Risiko ist. Dies ist z. B. bei einem hohen Verkettungsgrad der Anlagen, bei Gefährdung von Folgemaschinen, bei Gefährdung von Menschen, bei auf Verfügbarkeit basierenden Produktionsstrukturen und bei terminlichen Vertragsverpflichtungen (z.B. Auftragsfertigung) der Fall.

Aus verschiedenen Gründen ist eine genaue Berechnung der Ausfallzeitpunkte sowie der Schadensfolgekosten nur selten möglich. Zum einen bestehen Instandhaltungsvorgänge aus seltenen Vorgängen mit unterschiedlichem Abnutzungsverhalten, zum anderen kann der Abnutzungsvorrat in Elementen von Maschinen und Anlagen der Produktion häufig nicht direkt gemessen werden. Außerdem ist das vollständige Protokollieren der Anlagenbelastung im Nutzungszeitraum nur selten möglich und wirtschaftlich. Da eine genaue Berechnung der Ausfallzeitpunkte und der Schadensfolgekosten eben nur selten stattfindet, ist die Kostenplanung bzw. die Planung des Instandhaltungsbudgets eine wichtige Aufgabe der Unternehmenspolitik.

## 7.11 Qualitätsmethoden und Qualifizierungskonzepte

Produktfehler, Betriebsfehler, unvorhergesehene Ereignisse und vieles mehr. führen oftmals zu schwerwiegenden Ereignissen, die nur unter größten Anstrengungen gemeistert werden können.

Beispielhaft können hier Rückrufaktionen von Automobilherstellern oder auch Produkthaftungsfolgen genannt werden. Aber auch kleine Mängel können bereits Abstellmaßnahmen, wie z.B. von Produktionsanlagen, notwendig machen. Allen diesen Ereignisse und den damit verbundenen Schwierigkeiten und Problemen ist aber gemeinsam, daß sie durch einen erheblich geringeren Aufwand behoben werden könnten, wenn sie von vornherein bekannt wären. Dieser Aspekt soll durch folgende Abb. 7-9 veranschaulicht werden.

Eine Vielzahl von Fehlerquellen kann für auftretende Schadensfälle verantwortlich sein, und jede dieser Fehlerursachen kann einen Schaden hervorrufen, der materieller Art sein kann, aber auch den Ablauf einer Betriebsfunktion stören sowie die Sicherheit am Arbeitsplatz oder auch die Umwelt gefährden kann.

Neben den materiellen Schäden ist auch der etwaige Imageverlust durch Produktfehler ein nicht zu unterschätzendes Risiko.

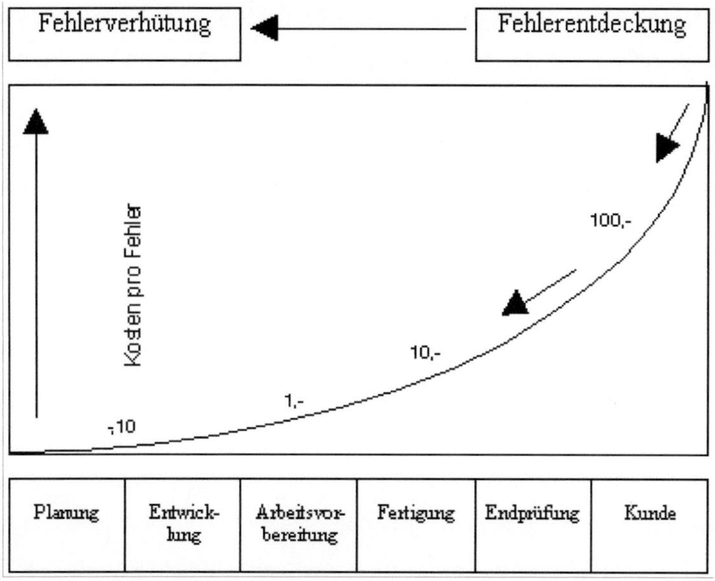


Abb. 7-9: Zehnerregel der Fehlerkosten

Die Fehlerquellen lassen sich wie folgt einteilen:

*Produktfehler bei:*

- Konstruktion
- Ausführung
- Werkstoff
- Unvollkommenheit der Technik

*Betriebsfehler bei:*

- Instandsetzung
- Bedienung und Wartung
- Versagen von Schutzeinrichtungen

*Unvorzusehende Ereignisse:*

- Naturkatastrophen und höhere Gewalt.

Aufgrund der Bedeutung der Fehlerquellen spielt die Anwendung von präventiven Qualitätsmethoden und Qualifizierungskonzepten eine große Rolle. Diese Maßnahmen müssen bereits am Anfang des Produktlebens angewandt

werden, also in der planerischen Phase, da hier die Produkteigenschaften auf Kundenwünsche und auf den Markt abgestimmt werden können. Ein weiteres Argument für den Einsatz der präventiven Qualitätsmethoden ist, daß ein Großteil von Fehlern in den Planungsphasen entsteht. Aus diesem Grund sollte bereits in der Entwicklung darauf geachtet werden, daß technisch ausgereifte Produkte entwickelt werden, da in den frühen Phasen der Produktentstehung Fehler mit wesentlich geringerem wirtschaftlichem Aufwand behoben werden können.
In der nachfolgenden Abb. 7-10 wird sichtbar, daß bei technisch ausgereiften Produkten 75% der Fehler bereits sehr früh in der Produktentstehung erkennbar und damit behebbar sind. Ebenso sieht man, daß bei technisch nicht ausgereiften Produkten 80% der Fehler erst in den späteren Phasen auftreten und deshalb mit erheblich größerem wirtschaftlichem Aufwand zu beseitigen sind. Neben dem monetären Aufwand muß auch der Imageschaden, der durch fehlerhafte Produkte auftritt, berücksichtigt werden, da er oftmals weit stärkere, wirtschaftliche Auswirkungen haben kann als der wertschöpfungsvernichtende Versuch, den Produkten nachträglich die geforderte Qualität zu verschaffen.

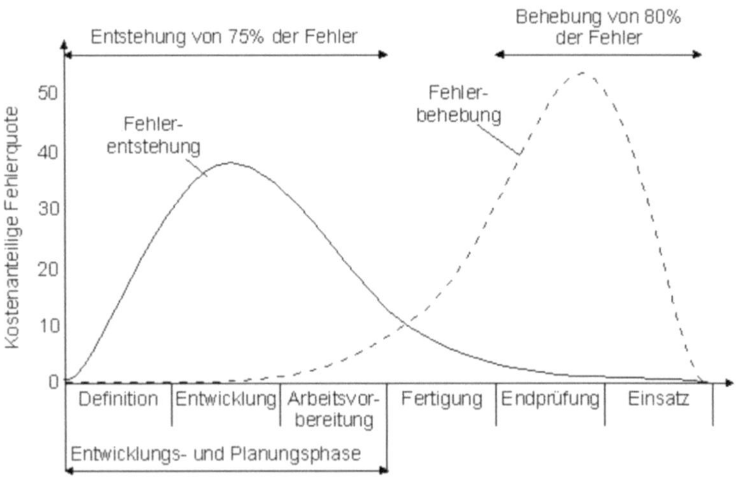


Abb. 7-10 Fehlerentstehung und Fehlerbehebung

In der Vergangenheit wurden Verfahren und Methoden entwickelt, die ein systematisches Aufzeigen potentieller Fehler und deren Ursachen ermöglichen. Da die Vorgehensweise meist formalisiert ist, kann dadurch nach außen eine transparente Dokumentation präsentiert werden. Der Nachweis ist ein Mittel zur Überwachung und Steuerung, ob alle signifikanten Fehler und Gefährdungen identifiziert und durch angemessene Maßnahmen abgestellt bzw. minimiert wurden.

Zu diesen Risiko- und Gefahrenanalysen gehören z.B.:

- die Fehlerbaumanalyse,
- die Fehler-Möglichkeits-und Einfluss-Analyse (FMEA),
- Poka-Yoke (Null-Fehler-Produktion),
- sowie Zuverlässigkeitstechniken.

Neben diesen Analysen gibt es eine Reihe von Vorschriften und Gesetzen, wie z.B., die EG-Maschinenrichtline oder das Produkthaftungs- und Gerätesicherheitsgesetz. Sie reglementieren die Verkehrsfähigkeit bestimmter Produktgruppen und machen diese von einer Konformitätserklärung (CE-Kennzeichnung) abhängig. Um die EG-Maschinenrichtline zu erfüllen, ist eine Gefahrenanalyse, wie z.B. die FMEA, erforderlich.

Neben den Analysen spielt auch die DIN ISO 9000ff für Qualitätsmanagementsysteme eine tragende Rolle. In diesem Zusammenhang sollten Unternehmen ein Augenmerk auf die Kundenanforderungen richten, die die Qualität bedingen gemäß der Formel:

*Qualität : = Erfüllung von Kundenanforderungen,*

wobei die Kundenanforderungen in folgender Form auftreten können:

- direkte Anforderungen
- unausgesprochene Anforderungen
- versteckte Anforderungen
- „begeisternde“ Anforderungen.

Wenn die Kundenanforderungen erfüllt werden, wird das Unternehmen zufriedene Kunden haben und damit Umsätze und Gewinne erzielen können.

Um diesem Anspruch gerecht zu werden, muß ein konsequentes Qualitätsmanagement (QM), das die Bereiche Qualitätsplanung, Qualitätslenkung und Qualitätsprüfung umfasst, eingerichtet werden. Das QM muß die Elemente der Qualitätssicherung nach DIN ISO 9004 bzw. die des Qualitätskreises nach DIN 55350 gemäß Abb. 7-11 beinhalten.

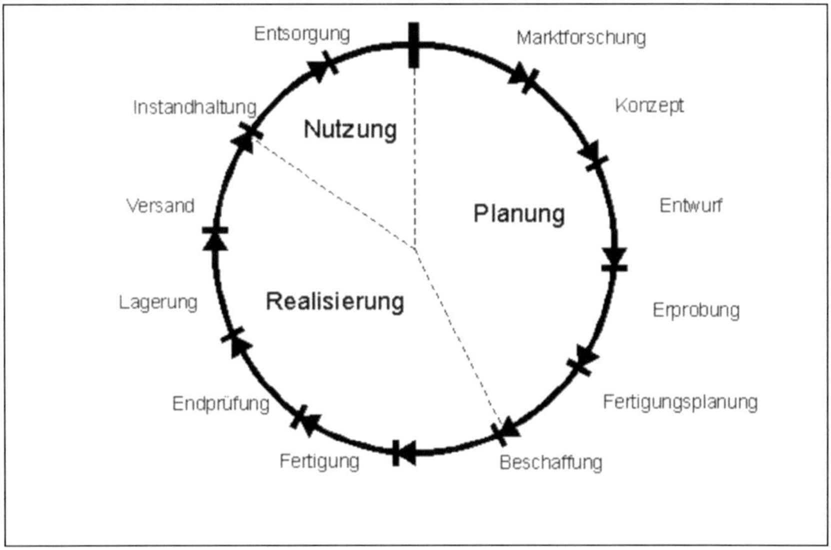


Abb. 7-11: Qualitätskreis nach DIN 55350

Die FMEA unterstützt das QM, da nach heutiger Sicht das zentrale Thema im QM die zielorientierte Ausrichtung der Prozesse auf Produkt- und Dienstleistungsqualität unter Berücksichtigung der Unternehmensressourcen darstellt. Der Produktentwicklungsprozeß reicht dabei von der Idee und Marktanalyse über die Entwicklung und die Nutzung durch den Kunden bis hin zur Entsorgung. Durch den technologischen Wandel verstärkt sich die Komplexität der einzelnen Produkte. Deshalb muß sich die Entwicklungszeit verkürzen, aber gleichzeitig müssen sich die Planungssicherheit und die Qualität deutlich verbessern. Der gesamte Produktplanungsprozeß und die Planung von qualitätssichernden Maßnahmen ist im Hinblick auf die Kundenorientierung und die

Wettbewerbsfähigkeit bei der Produktentwicklung ein entscheidender Faktor geworden.

Durch den Einsatz der FMEA wird dieser Prozeß unterstützt, da in der FMEA-Dokumentation das für das Unternehmen wichtige Fachwissen über fehlerrelevante Zusammenhänge dokumentiert wird.

## 7.12 Grundlagen der Fehler-Möglichkeits-und Einfluß-Analyse (FMEA)

Nach der DIN EN 1050 (Sicherheit von Maschinen – Leitsätze zur Risikobeurteilung) wird ein Risiko als Funktion aus Schwere eines Schadens, Gefährdungsexposition, Auftretenswahrscheinlichkeit sowie Mangel an Ausweichmöglichkeiten definiert.

Bei der Risikoanalyse können zwei Grundtypen von Verfahren, nämlich deduktive und induktive, unterschieden werden. Die FMEA zählt zu den induktiven Verfahren. Bei diesen wird z.B. der Ausfall eines Maschinenelementes angenommen, und in einer abschließenden Analyse werden die Ereignisse, Komponenten, Teilprozesse usw. identifiziert, die diesen Ausfall hervorrufen.

Bei der Methode FMEA handelt sich um ein formalisiertes Verfahren, mit dem Fehler in Systemen, Konstruktionen und Prozessen vorausschauend und zielgerichtet ermittelt werden, um so einer vorbeugenden Qualitätssicherung gerecht zu werden und um die Risiken, die bei der Anwendung eines Prozesses bzw. der Verwendung eines Produktes auftreten können, zu minimieren.

Zweck und Einsatz der FMEA ist die Analyse aller potentiellen Fehler und ihrer Folgen nach:

- Bedeutung
- Wahrscheinlichkeit des Auftretens
- Wahrscheinlichkeit des Entdeckens.

Die FMEA findet Anwendung, wenn:

- Produkte neu entwickelt werden
- neue Fertigungsverfahren eingesetzt werden
- Sicherheits- und Problemstellung beurteilt werden sollen
- Produktänderungen vorliegen

- sich die Einsatzbedingungen vorhandener Produkte und Prozesse ändern.

Die Aufgaben der FMEA lassen sich wie folgt charakterisieren:

- Frühzeitiges Erkennen von Fehlern
- Entdecken kritischer Stellen und Schwachstellen
- Abschätzen der Risiken, die aus möglichen Fehlern resultieren
- Verbesserung von Entwürfen.

Ziele der FMEA sind:

- Frühzeitiges Erkennen und Lokalisieren von Fehlern an Produkten und Prozessen
- Risiken zu vermindern bzw. zu vermeiden
- Vermeidung von Kosten für Gewährleistung und Imageverlust
- Verkürzung der Entwicklungszeiten.

Diese Ziele lassen sich aber nur erreichen, wenn folgende Randbedingungen erfüllt sind:

- Teamarbeit
- konsequente Anwendung der Methode
- aktueller Stand der Dokumentation.

Die FMEA gliedert sich in drei Stufen, die in den Phasen des Produktlebenslaufs aufeinander aufbauen, nämlich:
*System-FMEA* in den Phasen Definition/Konzept sowie Entwicklung/Entwurf, *Konstruktions-FMEA* in den Phasen Entwicklung/Entwurf und Fertigungsplanung und *Prozeß-FMEA* in den Phasen Fertigungsplanung und Fertigungsdurchführung.

Ausgehend vom Betrachtungsgegenstand sind alle erdenklichen Fehler und deren Ursachen zu ermitteln. Danach findet eine Beurteilung statt, und es werden entsprechende Maßnahmen eingeleitet, die Abhilfe schaffen. Ein weiterer Gesichtspunkt, der für den Einsatz der FMEA spricht, ist die Rolle der FMEA als Methode zur Problemlösung, wenn bereits Fehler aufgetreten sind und Abstellmaßnahmen gefunden werden müssen.

Zu den wesentlichen Merkmalen der FMEA-Methode zählt die Bestimmung der Risikoprioritätszahl (RPZ), die ein Maß für die Dringlichkeit der verschiedenen erkannten Fehlermöglichkeiten liefert. Mittels der RPZ werden die wesentlichen Ausfallursachen, Fehlermöglichkeiten und deren Folgen einer Risikobewertung unterzogen.

Die RPZ wird aus dem Produkt dreier Größen bestimmt, die Einschätzungen über:

- die Entdeckungswahrscheinlichkeit (E)
- die Häufigkeit des Auftretens des Fehlers (A)
- die Bedeutung des Fehlers (B)

angeben: RPZ = E X A X B.

Bei der Bewertung werden für E, A, B Zahlen zwischen 1 und 10 vergeben, was dazu führt, daß der RPZ-Wert zwischen 1 und 1000 liegen kann. Je höher die RPZ ist, desto höher ist das Erfordernis von Verbesserungsmaßnahmen für den Betrachtungsgegenstand.

Besondere Maßnahmen ab einem bestimmten Zahlenwert sollten nicht sofort durchgeführt werden, da die Einschätzung der Bewertungen durch das FMEA-Team subjektiv ist. Stattdessen sollte die RPZ eine Rangfolge für die Dringlichkeit von Verbesserungsmaßnahmen liefern.

Um zu niedrige Bewertungen zu verhindern, müssen Regeln eingehalten werden, die einerseits eine kritische Bewertung des Untersuchungsgegenstands zulassen, und andererseits muß auch verhindert werden, daß nur Werte aus dem oberen Skalenbereich, d.h. ungünstige Werte, auftreten. Um eine *neutrale* Bewertung zu bekommen, sollte eine Risikobewertungstabelle erstellt werden, die neben Zahlenwerten auch differenzierte Erklärungen und Begründungen für die zu vergebende Punktzahl enthält.

Hier zeigt sich ein entscheidender Vorteil der FMEA-Methode gegenüber anderen Methoden, da hier das systematische Sammeln von Erfahrungswissen über Fehlerzusammenhänge und deren Einfluß auf die Qualität der Produkte und Prozesse dokumentiert wird und dadurch dem Unternehmen langfristig zur Verfügung steht. So liefert die FMEA im planerischen Bereich eine Wissensbasis aus vorangegangenen Lösungen, sowie gezielte Handlungsanstöße zur Verbesserung der Prozesse. Aber auch zu späteren Zeitpunkten kann auf die Dokumentationen zurückgegriffen werden, und aufgrund von Rückkoppelungen können Abstellmaßnahmen für die Ursache von Qualitätsmängeln definiert und realisiert werden.

In der Vergangenheit traten aber auch Nachteile auf, die zu einer Weiterentwicklung der FMEA-Methode führten. Die Konstruktions- FMEA wurde in Richtung System-FMEA erweitert. Dies geschah, damit über die Fehlerbetrachtung auf Bauteilebene hinaus der funktionale Zusammenhang sämtlicher Bauteile betrachtet werden kann. Ähnliches gilt für die Prozeß-FMEA, die nur Teilprozesse betrachtet und lokalisiert, während der gesamte Herstellungsprozeß dagegen unberücksichtigt bleibt. Da eine systematische Analyse des gesamten Prozesses nicht durchgeführt wird, ist eine Weiterentwicklung in Richtung System-FMEA-Prozeß erforderlich.

Die *System-FMEA* wird in frühen Phasen der Produktentwicklung angewendet und dient dazu, innerhalb der Produktkonzeption auf Grundlage des Systempflichtenhefts mögliche Fehler oder Schwachstellen zu identifizieren.

Die *Konstruktions-FMEA* schließt sich an die Fertigstellung des Entwurfs an und untersucht die pflichtenheftgerechte Gestaltung und Auslegung der Erzeugnisse und Komponenten zur Vermeidung von Entwicklungsfehlern und konstruktiv beeinflußbaren Prozeßfehlern anhand von Stücklisten und Zeichnungen. Hier sollen alle denkbaren Fehler und Unwägbarkeiten erkannt und ein Eintreten dieser Ereignisse durch geeignete Abstellmaßnahmen verhindert werden. Das definierte Ziel muß das *fehlerfreie Produkt* sein.

Die *Prozeß-FMEA* dient dazu, prozeßbedingte Fehler zu eliminieren. Mögliche Untersuchungsgegenstände können sämtliche Produktionsprozesse und betriebliche Abläufe sein. Mit der Prozeß- FMEA können aber auch alle anderen Prozesse wie z.B. Montage, Lagerhaltung usw. untersucht werden. Ziel muß sein, daß das Produkt den Ansprüchen und Erwartungen des Endkunden entspricht.

Die folgende Tab. 7-4 zeigt eine zusammenfassende Übersicht über die verschiedenen FMEA-Arten.

| | Betrachtungs-gegenstand | Eingangsgrößen/ Voraussetzungen | Durchführende Bereiche |
|---|---|---|---|
| System-FMEA | Übergeordnetes Produkt/System | Produktkonzept | Entwicklung |
| Konstruktions-FMEA | Bauteil | Konstruktions-unterlagen | Konstruktion |
| Prozeß-FMEA | Schritte des Fertigungsprozesses, Montageprozesses, etc | Fertigungs-/ Montagepläne | Allgemeine Planungsbereiche |

Tab. 7-4: Methodischer Zusammenhang zwischen den FMEA-Arten

Der Zusammenhang von FMEA-Arten wird in der folgenden Tab. 7-5 am Beispiel eines Anlassers aufgezeigt.

| | Fehlerfolge | Fehlerart | Fehlerursache |
|---|---|---|---|
| System-FMEA | Motor startet nicht | Anlasser defekt | Ankerwelle gebrochen |
| Konstruktions-FMEA | Anlasser defekt | Ankerwelle gebrochen | zu hohe Pressung/ Einschürung der Welle |
| Prozeß-FMEA | Ankerwelle gebrochen | Zu hohe Pressung/ Einschürung der Welle | Fertigungs-Toleranzen, Fügeart, etc |

Tab. 7-5: Methodischer Zusammenhang zwischen den FMEA-Arten für das Beispiel Anlasser

## 7.13 Aufbau und Arbeitsschritte der FMEA

Der Aufbau der FMEA ist vorgegeben, da es sich um eine Methode handelt, die mit Hilfe von Formblättern bearbeitet wird. Hierdurch wird auch die interne und externe Kommunikation formalisiert und transparent dokumentiert. Der Formblattaufbau kann den unternehmensspezifischen Gegebenheiten angepaßt werden. Der Formblattaufbau basiert zumeist auf Formblättern vom Verband der Automobilindustrie (VDA 86, VDA 96) oder auch auf der Grundlage der DIN 25448 (Ausfalleffektanalyse). In den Formblättern wird neben spezifischen Daten auch die Zielrichtung der FMEA festgeschrieben.

Fragen, die mit dem Formblatt beantwortet werden, lauten:

- *Wo* könnte ein Fehler auftreten?
- *Wie* würde sich der Fehler äußern bzw. wie tritt der Fehler auf?
- *Was* für eine Fehlerfolge könnte sich einstellen?
- *Warum* kann der Fehler bzw. die Fehlerfolge auftreten?

Das Formblatt hat den folgenden prinzipiellen Aufbau:

| **Stammdaten** | | |
|---|---|---|
| **Benennung des Untersuchungs-gegenstands** | **Risikoanalyse** | **Maßnahmen zur Risikominimierung** |

Tab. 7-6: Aufbau eines FMEA-Formblatts

In den nachfolgenden Tab. 7-7, 7-8 und 7-9 wird die Formblattdarstellung einer Konstruktions-FMEA an Hand eines konkreten Beispiels mit der Bezeichnung *Schnittstellenbetrachtung Sitzrahmen / Sitzhöhenverstellung* aufgezeigt (s. [IN7]). Wie aus den Formblättern zu ersehen ist, werden hier nicht nur konstruktive Elemente wie Komfort, Sicherheit und Zuverlässigkeit, sondern auch wirtschaftliche Elemente wie die Montage bewertet.

| Name der FMEA | | | |
|---|---|---|---|
| Schnittstellenbetrachtung Sitzrahmen/Sitzhöhenverstellung | | | |
| **Gegenstand der FMEA** | **Datum der letzten Änderung** | **FMEA-Typ** | **FMEA-Status** |
| Höhenverstellung | 20.12.1999 | Konstruktion | Vorläufig |
| **Verantwortlicher Bereich** | **Bearbeiter/Bearbeiterin** | **Betroffene Bereiche** | **Attribute** |
| | | | |
| **FMEA-Team** | | | |
| | | | |

| Funktion | pot. Fehler | pot. Folge | D | Ursache | aktuelle Maßnahme | A | B | E | RPZ | empf. Maßnahme | Zu erledigen durch |
|---|---|---|---|---|---|---|---|---|---|---|---|
| Komfort gewährleisten | Verstellkräfte zu hoch | Komfort nicht gegeben | N | Abstimmung Feder/ Rahmen nicht gegeben | V:Federauslegung | 7 | 8 | 3 | 168 | alternative Federgeom. prüfen | |
| | | | | | P:Fahrversuche | | | | | | |
| | | | | Bedienhebel zu kurz | V:Hebelauslegung | 5 | 8 | 3 | 120 | | |
| | | | | | P: Messung der Bedienkraft | | | | | | |
| | | | | fehlende Abstimmung | V: Abstimmung vornehmen | 5 | 8 | 3 | 120 | | |
| | | | | | P: Fahrversuche | | | | | | |

Tab. 7-7: FMEA-Formblatt für ein Fallbeispiel

| Funktion | pot. Fehler | pot. Folge | D | Ursache | aktuelle Maßnahme | A | B | E | RPZ | empf. Maßnahme | Zu erledigen durch |
|---|---|---|---|---|---|---|---|---|---|---|---|
| Komfort gewährleisten | Verstellweg nicht ausreichend | Komfort nicht gegeben | N | Kollision Verstelleinheit/ Gelenkhebel | V: Bauraumuntersuchung | 4 | 8 | 3 | 96 | Konstruktive Anpassung | |
| | | | | | P: Funktionstest | | | | | | |
| Sicherheit gewährleisten | Teile bei der Montage beschädigt | Sicherheitsmängel | N | Ritzelstellung nicht definiert | V: Überprüfung der Konstruktion | 9 | 10 | 3 | 210 | Absprache u. Festlegung der Ritzelstellung | |
| | | | | | P: Montageversuche | | | | | | |
| | | | | Zahnsegmentstellung falsch | V: FMEA beim Zulieferer durchführen | 3 | 10 | 8 | 240 | FMEA überprüfen | |
| | | | | | P: 100%-Kontrolle durchführen | | | | | | |
| | Kollision Verstelleinheit/ Gelenk | Sicherheit nicht gegeben | N | Abstand Gelenkh./ Verstelleinheit zu gering | V: Bauraumuntersuchung | 7 | 10 | 3 | 210 | Konstruktive Anpassung | |
| | | | | | P: Crashtest | | | | | | |
| Zuverlässigkeit gewährleisten | Teile bei der Montage beschädigt | Funktionsmängel | N | Ritzelstellung falsch | P: Montageversuch | 8 | 8 | 3 | 192 | Festlegung des notwendigen Maßes | |
| | | | | Ritzelstellung nicht eingehalten | P: Prozess FMEA beim Zulieferer | 3 | 8 | 2 | 48 | | |

Tab. 7-8: FMEA-Formblatt (Fortsetzung)

| Funktion | pot. Fehler | pot. Folge | D | Ursache | aktuelle Maßnahme | A | B | E | RPZ | empf. Maßnahme | Zu erledigen durch |
|---|---|---|---|---|---|---|---|---|---|---|---|
| Wirtschaftlichkeit gewährleisten | Seitenverkehrter Zusammenbau | Montierbarkeit nicht gegeben / Montage nicht wirtschaftlich | N | Verstelleinheit vertauscht | Kennzeichnung durch Zulieferer | 3 | 8 | 3 | 72 | nicht symmetrische Teile verwenden | |
| | | | | falsche Anlieferung | Prozess-FMEA beim Zulieferer | 3 | 8 | 2 | 48 | | |
| | | | | falsche Einlagerung | V: Prozess FMEA<br>P: Stichprobenkontrolle | 3 | 8 | 2 | 48 | | |
| | Montage sehr aufwendig | Montierbarkeit nicht gegeben / Montage nicht wirtschaftlich | N | Ritzelstellung nicht definiert | P: Montageversuch | 9 | 5 | 3 | 135 | Absprache und Festlegung der Ritzelstellung | |
| | | | | Ritzelstellung nicht eingehalten | V: Prozess-FMEA beim Zulieferer | 3 | 5 | 2 | 30 | | |
| | | | | | | | | | | | |
| | | | | | | | | | | | |

Tab. 7-9: FMEA-Formblatt (Fortsetzung)

Zeilenweise sind die Fehler und die möglichen Fehlerursachen in den entsprechenden Spalten einzutragen. Weiterhin ist festzuhalten, wie sich die Auswirkungen für den Endverbraucher bemerkbar machen und welche Auswirkungen diese Fehler auf das Gesamtsystem haben.

Die Mitglieder eines FMEA-Teams müssen immer berücksichtigen, daß es

- Fehler,
- Fehlerfolgen
- und Fehlerursachen

gibt.

Doch können in einer Konstruktion auch

- potentielle Fehler,
- potentielle Folgen
- und deren Ursachen

vorhanden sein. Diese gilt es, zu einem möglichst frühen Stand der Produktentwicklung zu entdecken und zu eliminieren.

Im Anschluß soll eine Fehleranalyse für die jeweiligen Fehlermöglichkeiten erfolgen, wobei zu beachten ist, daß nur der jeweilige Kenntnisstand, der zum Zeitpunkt der Durchführung der FMEA vorhanden ist, berücksichtigt werden kann. Für die beschriebenen Risiken sollen dann Empfehlungen für Verbesserungsmaßnahmen abgeleitet werden, um diese anschließend erneut zu bewerten. Abschließend findet ein Vergleich zwischen dem ursprünglichen und dem verbesserten Zustand statt, um herauszufinden, ob die gewünschten Verbesserungen ausreichend sind und in einem vertretbaren Rahmen, sowohl wirtschaftlich als auch technisch, umgesetzt werden können, und ob durch die Modifizierungen keine weiteren technischen Schwachstellen auftreten.

Um die Methoden der FMEA anwenden zu können, sind einige Arbeitsschritte prinzipiell festzulegen. Ihre Inhalte lassen sich wie folgt beschreiben:

1. Schritt: Organisatorische Vorbereitung
2. Schritt: Inhaltliche Vorbereitung
3. Schritt: Fehleranalyse und Fehlerbewertung

4. Schritt: Festlegung der Risikobeurteilung und Abstellmaßnahmen
5. Schritt: Terminverfolgung und Erfolgskontrolle.

Diese Schritte lassen sich wiederum in verschiedene Teilschritte unterteilen und ergeben dann mit der Struktur des Formblatts gemäß Tab. 7-6 einen detaillierten Arbeitsplan für die Untersuchungen.

Neben der bereits beschriebenen Methode *Risikoprioritätszahl* (s. Abschnitt 7.12) sollen auch andere Methoden angewendet werden, mit denen der Untersuchungsgegenstand kritisch betrachtet werden kann. Dies erfolgt mit Klassifizierungen (0 = trifft nicht zu, 1 = trifft zu, 2 = trifft sehr stark zu). Ebenso kann die Nutzwertanalyse herangezogen werden, da sich hier sowohl quantative, als auch qualtitative Kriterien bewerten lassen. Nähere Angaben zur Nutzwertanalyse, mit der sich verschiedene Lösungsalternativen mit einem gemeinsamen Bewertungskriterienbaum quantitativ vergleichen lassen, findet man in Band 14 und Band 5 der Schriftenreihe Economy and Labour (s. [NG09], [NB04]).

Nach den Untersuchungen ist es immer zwingend notwendig, eine Risikoanalyse durchzuführen. Um die Methoden der FMEA sinnvoll umsetzen zu können, müssen die Grundsätze der Projektarbeit eingehalten werden. Es empfiehlt sich, neben den direkt beteiligten Fachabteilungen auch Lieferanten, Kunden und Sachverständige (z.B. Mitarbeiter des TÜV), einzubinden. Weiterhin sollte innerbetrieblich, funktionsübergreifend zusammengearbeitet werden, um nach der Realisierung des Projekts und bei Marktreife des Produkts mit dem Prädikat *one face to the customer* auftreten zu können.

## 7.14 Durchführung der FMEA

Vielschichtige Einflußgrößen verlangen nach einer systematischen Vorgehensweise, damit sichergestellt ist, daß eine ganzheitliche und vernetzte Analyse durchgeführt wird damit das untersuchte System auf eine fundierte Basis gestellt werden kann. Dies ist erforderlich, um sicherzustellen, daß alle relevanten und insbesondere die kritischen Merkmale erkannt und erfaßt werden.

Als Werkzeuge zur Problemanalyse dienen:

- Das Ursache-Wirkungs-Diagramm
- Strukturbaum-Analyseverfahren
- Matrix-Diagramme (Ordnungsschemata)
- Ein strukturierter Fragenkatalog.

Die Informationsgewinnung durch Zerlegen und Aufgliedern eines Betrachtungsgegenstands in seine Komponenten sowie die Untersuchung der Eigenschaften und der Zusammenhänge der einzelnen Elemente stellt die Analyse dar. Im Mittelpunkt dieser Methoden steht, daß man Anregungen bekommt und alle kritischen Bereiche möglichst vollständig überprüft. Anhand von Ordnungsschemata oder eines Kriterienkatalogs wird das Produkt oder das System hinsichtlich der verschiedenen Merkmalsausprägungen geprüft.

Stellvertretend für alle anderen Werkzeuge soll hier das Ursache-Wirkungs-Diagramm, das auch unter der Bezeichnung ISHIKAWA-Diagramm bekannt ist, an Hand der folgenden Abb. 7-12 erläutert werden.

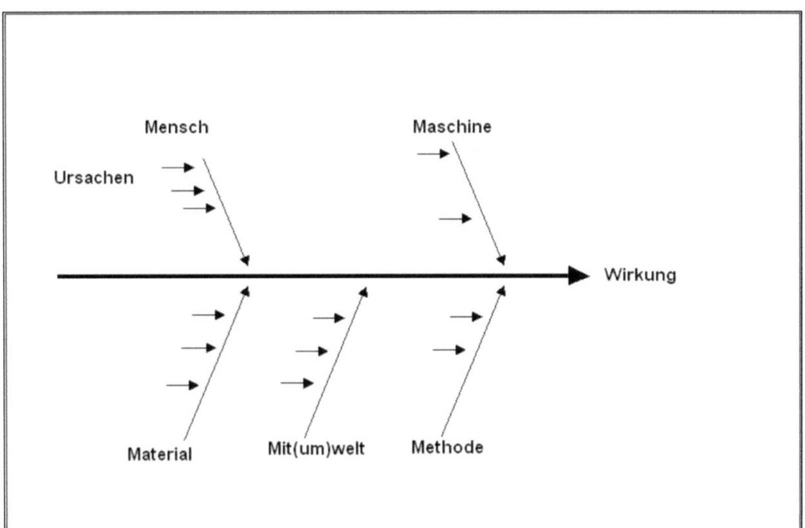


Abb. 7-12: Ursache-Wirkungs-Diagramm

Als Hauptursachen für mögliche Fehler werden häufig die „5 M´s“ Maschine, Mensch, Material, Mit(um)welt und Methode genannt. Es können aber auch eigene Kriterien festgelegt werden. Die Ursachen für Ausfälle, Fehler an Maschinen, Fehler in der Produktion, Qualitätseinbußen usw. können viele Gründe haben und sind je nach Betrachtungsobjekt unterschiedlich. Gleiches gilt für die Wirkung.

Beispielhafte, mögliche Ursachen, die von den „5 M´s“ herrühren, sind:

- Fehlbedienung
- thermische Gefährdung
- mechanische Gefährdung
- Gefährdung durch die verarbeiteten Stoffe
- Materialermüdung
- Gefährdung durch Lärm.

Beispielhaft sind als Wirkungen zu nennen:

- Gefährdung des Bedienpersonals
- Fehlerhafte Produkte.

Mögliche Ursachen und Wirkungen werden in das Schaubild der Abb. 7-12 eingetragen. Die mit dieser Methode ermittelten Ergebnisse bilden dann die Grundlage für die FMEA. In die FMEA-Formblätter werden die Gefährdungen als mögliche Fehler eingetragen, und die möglichen Fehlerfolgen werden untersucht. Aufgrund dieser Analyse können nun die Fehlerursachen analysiert werden, und damit wird im weiteren Verlauf der Methodendurchführung das Gefährdungspotential bewertet. Aufgrund dieser Bewertung können Gegensteuerungsmaßnahmen und/oder Verbesserungsmaßnahmen eingeleitet werden.

## 7.15 Wirksamkeit und Schwachstellen der FMEA

Wie in den bisherigen Ausführungen aufgezeigt, bietet der Einsatz der FMEA die Möglichkeit, Fehler in der Konstruktion bereits frühzeitig zu erkennen. Durch die konsequente Anwendung der Methode wird vermieden, daß Fehlentwicklungen oder Wiederholungsfehler entstehen. Ebenso sollen die Pannen reduziert, Produktivitätseinbußen und die Gefahr von Rückrufaktionen minimiert werden. Dabei müssen die Mehrkosten der Fehlervermeidung in einem vernünftigen Verhältnis zum Gesamtaufwand stehen. Wird die FMEA zum ersten Mal eingesetzt, muß davon ausgegangen werden, daß ein Mehraufwand entsteht, der zum einen durch die organisatorischen Maßnahmen und zum anderen durch die Methodendurchführung begründet ist. Der Einsatz der FMEA soll als Investition in die Zukunft gesehen werden, wobei eine gewissenhafte Durchführung der Methoden im Vordergrund stehen muß. Die FMEA darf nicht zu einer reinen Pflichtübung werden.

Ein weiterer, sinnvoller Aspekt, der für den Einsatz der FMEA spricht, ist die teamorientierte Zusammenarbeit der einzelnen Abteilungen, da hier vorurteilsfrei über die gewonnenen Erkenntnisse diskutiert werden kann, weil das gemeinsame Ziel das *fehlerfreie Produkt* sein soll. Natürlich wird es Diskussionen über verschiedene Arten der Problemlösung geben, was dann der Fall sein dürfte, wenn in die FMEA-Teams Mitarbeiter von Lieferanten mit einbezogen werden.

Die Ergebnisse einer FMEA-Untersuchung betriebswirtschaftlich zu messen, ist ein schwieriges Unterfangen, da sich einige Merkmale eines Produkts nicht quantifizieren lassen. Das Einsparpotential liegt hauptsächlich bei Haftungsschäden oder Rückrufkosten, die der Hersteller zu tragen hätte, wenn fehlerhafte Produkte auf den Markt kommen.

Wird die FMEA-Methode zur Untersuchung von Produktionsprozessen angewandt, besteht das Ergebnis aus verbesserten Produktionsbedingungen, die sich monetär und ergonomisch ausdrücken lassen. Eine ergonomischere Arbeitsplatzgestaltung dürfte den Krankenstand im Unternehmen senken. Dies steigert die Arbeitsproduktivität und Qualität, was dem Unternehmen wiederum Kostenvorteile bringt.

Doch neben der Wirksamkeit der FMEA gibt es auch methodenspezifische Schwachstellen. Diese zeigen sich bei der Risikoanalyse, da der Mitarbeiter der die Risiken bewertet, diese subjektiv beurteilt. Hier muß man sich auf den Sachverstand und den Erfahrungsschatz des Mitarbeiters verlassen. Ein Unsicherheitsfaktor ist die persönliche Einstellung des Mitarbeiters zum Risiko. Dies betrifft sowohl den Konstrukteur als auch denjenigen, der das Risiko bewertet. Beispielhaft kann hier die Dimensionierung eines Bauteils genannt werden, wobei folgende Fragen auftreten:

- Ist das Bauteil richtig dimensioniert?
- Wurde der Sicherheitsbeiwert der Dimensionierung als Belastungspuffer angenommen?
- Wurde der Sicherheitsbeiwert der Dimensionierung „ausgereizt", um die Anforderungen zu erfüllen?
- Wie verhalten sich Dimensionierung und Sicherheitsbeiwert bei extremen Belastungen?

Daher sollte die Risikoprioritätszahl nicht die einzige Bewertungsmethode sein, da Meßunsicherheiten bei Einzelwerten eine große Streubreite nach sich ziehen, was nur eine grobe Eingliederung in die Bereiche: hohes, mittleres und niedriges Risiko zuläßt. Eine genauere Aussage läßt sich somit nicht treffen, was im Hinblick auf die Produkthaftung ein nicht zu unterschätzender Faktor ist, da es sich bei den ermittelten Risiken für einen Untersuchungsgegenstand um eine Rangfolge handelt und das Ergebnis einer FMEA nicht bei Schadensfällen herangezogen werden kann.
Weiterhin ist die Übertragung bereits durchgeführter und dokumentierter FMEA auf neue Anwendungen nur zum Teil möglich, da der Erfahrungsschatz der Mitarbeiter größer geworden ist und sich Vorschriften geändert haben können.

## 7.16 Die FMEA als Baustein des Risikomanagements

Um ein Risikomanagement sinnvoll einführen zu können, muß man die potentiellen Risiken kennen. Die *Grundtypen* der Risiken können wie folgt eingeteilt werden:

- technische
- normative
- materielle
- ideelle
- Informative
- zeitliche Risiken.

Bei den Risiken sind ferner *tolerierbare* und *inakzeptable* zu unterscheiden. Letztere müssen reduziert werden. Die FMEA als Risiko- bzw. Gefahrenanalyse sollte Bestandteil eines aktiven Risikomanagements sein, wobei folgende Sachverhalte untersucht und beschrieben werden:

- die Auswirkung von Ausfällen
- die Wahrscheinlichkeit von Ausfällen
- die Risikoklassifizierung
- die Akzeptanz von Risiken.
-

Im Rahmen des Risikomanagements sollte die FMEA nicht nur als Methode zur Fehlervermeidung und Problemlösung bei Produktionsrisiken gesehen werden, sondern auch als bedeutsames Element bei der Konstruktion von Produkten, da sie die Eigenschaften von Produkten untersucht. Hierbei sollte auch schon in der Konstruktionsphase daran gedacht werden, daß auch das Fehlen eines vom Kunden geforderten Merkmals oder einer Eigenschaft einen Fehler darstellen kann, der vom Kunden nicht akzeptiert wird und die Verkäuflichkeit eines Produktes beeinträchtigen kann. Das Risikomanagement kann in einem Regelkreis dargestellt werden, auf den Störgrößen und beeinflussende Maßnahmen von außen einwirken wie Abb. 7-13 zeigt.

In diesem Regelkreis wird sichtbar, daß die FMEA-Methode ein unterstützender Bestandteil der Risikostrategie ist, wenn sie konsequent von Anfang an eingesetzt wird, da sie in allen Bereichen des Risikomanagementregelkreises Anwendung findet.

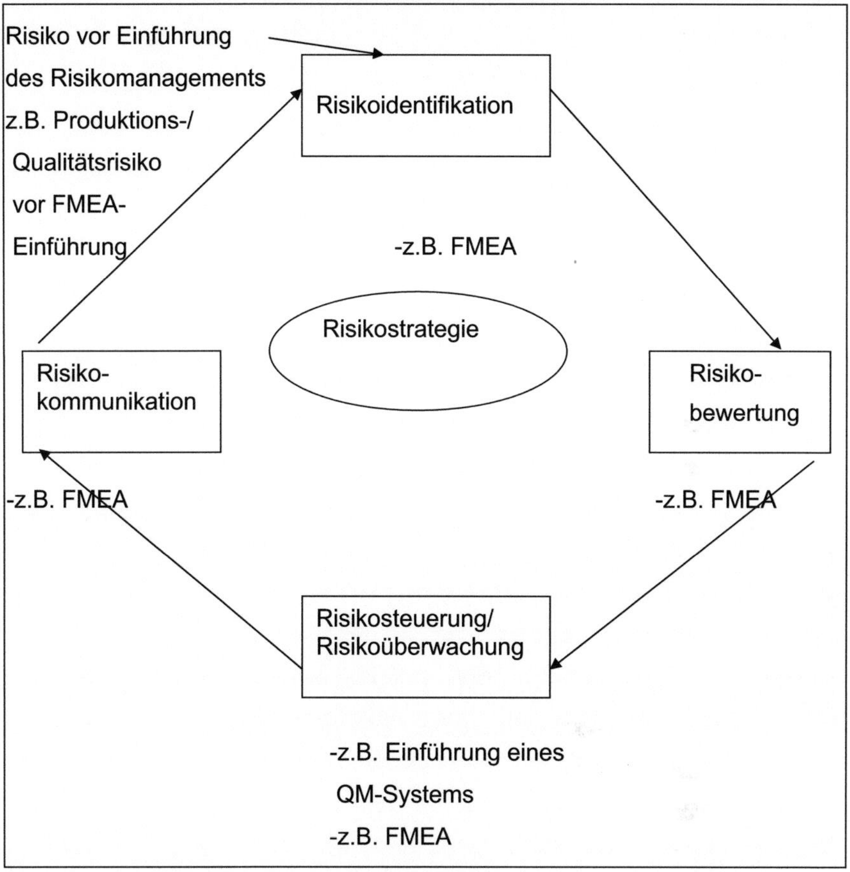


Abb. 7-13: Risikomanagementregelkreis

Es werden

- alle möglichen Fehler systematisch aufgelistet und auf ihre Folgen für den Kunden beurteilt,
- die möglichen Fehlerursachen bestimmt,
- die vorgesehenen Produktspezifikationen bzw. Prozeßüberwachungen im Hinblick auf Erkennung und Vermeidung dieser Fehler bewertet,
- die Wahrscheinlichkeit des Auftretens, die Auswirkungen auf den Kunden und die Möglichkeit des Entdeckens des Fehlers beurteilt und hieraus eine Risikoprioritätszahl gemäß Abschnitt 7.12 gebildet,

- entsprechende konstruktive bzw. fertigungs- und prüftechnische Maßnahmen festgelegt,
- die Verantwortlichen für deren Durchführung bestimmt,
- die Fehlererkennung und Fehlervermeidung entsprechend den festgelegten Maßnahmen erneut bewertet,
- Ergebnisse dokumentiert und
- Erfahrungswerte als zukünftiges Fachwissen zur Verfügung gestellt.

Jedoch sollte die FMEA als Risiko- und Gefahrenanalyse nicht nur dem Risiko- sondern auch dem Qualitätsmanagement als sinnvolles und wichtiges Werkzeug zur Verfügung stehen, da sich alle drei Ansätze idealerweise gegenseitig bedingen sollen und in wechselseitigen Beziehungen und Abhängigkeiten zueinander stehen.

## 7.17 Die FMECA als Weiterentwicklung der FMEA

Neben der eigentlichen FMEA gibt es eine Reihe von weiteren Varianten. Hier sei die *Failure Mode Effects and Critical Analysis (FMECA)* genannt, die in der Luft- und Raumfahrtindustrie und im militärischen Bereich eingesetzt wird. Die FMECA basiert auf der FMEA und erweitert die FMEA. Sie ermöglicht eine besondere Beachtung kritischer Fehler und eine quantitative Analyse der Risikominimierung und dient der Identifikation von Teilbereichen eines Systems, die besonders kritisch sind.

Die FMECA ist das Herzstück jeder *Logistic Support Analysis (LSA).* Mit der FMECA werden mögliche Fehlfunktionen, deren theoretische Häufigkeiten, sowie die unmittelbaren Auswirkungen oder lokale Folgen der Fehlfunktionen und deren Auswirkungen auf das Gesamtsystem untersucht und analysiert. Die Ergebnisse werden in verschiedene Beurteilungskategorien eingeordnet. Die Bandbreite reicht von unkritisch bis katastrophal, was dann zu zwingenden Änderungsmaßnahmen führen muß. Diese beinhalten nicht nur Maßnahmen zur Fehlerbeseitigung, sondern auch präventive Maßnahmen, die Fehlfunktionen ausschließen oder wenigstens ihr Auftreten seltener machen sollen. Als

Extremforderung kann die Forderung an die Entwickler gelten, die Konstruktion zu ändern. Man spricht dann vom sog. *Feed back into Design/ Requirement for Redesign*.

Für die FMECA gibt es eine eigene Vorgehensweise, die in eigenen Vorgehensvorschriften und Standards festgelegt ist. Diese Vorgehensvorschriften finden sich in den folgenden Publikationen:

- ESA-ECSS: European Cooperation for Standardization
- MIL-Standard: Standard des US-amerikanischen Verteidigungsministeriums für Produktspezifikationen.

Die Methodik der FMECA unterscheidet sich von derjenigen der FMEA auch durch die Berechnung einer Kennzahl für die Bedenklichkeit eines Fehlerzustandes und durch die Besonderheit eines starken Systembezugs bei der Anwendung.

Wie eingangs erwähnt wird die FMECA u.a. in der Luftfahrtindustrie eingesetzt. Dies erklärt auch warum bei dieser Methode die absoluten Ausfallanzahlen bestimmt werden, da eine Materialermüdung oder ein Ausfall eines Bauteils bei einem Flugzeug zu einer Katastrophe führen würde. Aus diesem Grund werden die Konsequenzen eines Ausfalls einer Komponente quantitativ analysiert, da der Ausfall dieses Teils unterschiedliche Auswirkungen auf das Gesamtsystem haben kann. Ist das ausgefallene Teil redundant angeordnet, kann lediglich dessen Ersatz oder eine Reparatur notwendig sein. Es kann aber auch zu einem Teil- oder sogar Vollausfall kommen, bei dem Menschen oder die Umwelt gefährdet werden können. Man spricht in diesem Fall von einem kritischen oder überkritischen Ausfall.

Ziel der FMECA ist es, eine Verhaltensanalyse durchzuführen. Um dieses Ziel zu erreichen, müssen im Vorfeld Zuverlässigkeitsberechnungen und Zuverlässigkeitsanalysen durchgeführt werden. Bei diesen Methoden unterscheidet man zwei Aufgabenstellungen:

1. Bestimmung der quantitativen Zuverlässigkeitsanforderungen an die Untereinheiten aus den festgelegten quantitativen Zuverlässigkeitsforde-

rungen. Eine korrekte Berechnung der erforderlichen Zuverlässigkeitswerte kann erst erfolgen, wenn ein konkreter Entwurf des gesamten Geräts zur Verfügung steht.

2. Bestimmung der erreichbaren, quantitativen Zuverlässigkeitswerte der vollständigen Einheit aufgrund des Entwurfs und der Zuverlässigkeitskennwerte der Elemente.

Bei den Aufgabenstellungen, die meist als Wechselspiel zwischen Fehlervermeidung und Optimierung des Systems zu sehen sind, ist eine Vielzahl von mathematischen Verfahren anwendbar, auf die an dieser Stelle nicht eingegangen werden soll. Als Ergebnis erhält man die Ausfallraten des Systems.

Man unterscheidet zwischen:

- Ausfallratengrobanalyse
- Ausfallratenfeinanalyse
- Verhaltensanalyse.

Die Grobanalyse dient der ersten Abschätzung der Zuverlässigkeit. Der Kehrwert der Ausfallrate ist bei instandzusetzenden Baugruppen der mittlere Ausfallabstand (MTBF), bei nicht instandsetzbaren die mittlere Lebensdauer (MTTF).

Die Ausfallratenfeinanalyse dient der Beurteilung der Belastungsabhängigkeit und der Erfüllung der gestellten Aufgaben an die Baugruppe. Bei diesen Verfahren werden die Folgen eines Ausfalls und die Ursachen, die zu ihm führen, noch nicht analysiert und gewichtet. Dies geschieht erst mit der Verhaltensanalyse. Die Analyse wird ausgehend von den Bauteilen für die Baugruppen durchgeführt und anschließend auf die übergeordneten Bauteile ausgeweitet.

Die FMECA wird vor allem zur Erkennung und Abschätzung von notwendigen Systemkorrekturen in Bezug auf die Beanspruchungsführung, Unterlastung und Instandhaltungsplanung eingesetzt. Die Vorgehensweise läßt sich wie folgt beschreiben. Alle Komponenten der zu analysierenden Einheiten werden mit ihren Ausfallarten aufgelistet. Jeder Ausfallart wird eine Wertigkeit nach der Wahrscheinlichkeit ihres Auftretens und eine Kennzahl bzgl. der Auswirkung zugeordnet. Danach wird die Gesamtausfallrate der Komponenten und ihre Aufteilung auf die Kennzahl in einer Liste angegeben und die eigentliche Berechnung durch Addition der Ausfallratenanteile für die Spalte mit gleicher Kennzahl durchgeführt. Durch die Verhaltensanalyse können Anweisungen zum Betrieb und zur Instandhaltung eines Systems ausgearbeitet werden.

## 7.18 Vergleich des Einsatzes der FMEA und der FMECA

Die FMEA ist besonders gut geeignet für:

- die Prüfung einzelner besonders wichtiger Systemkomponenten
- hochgradig sicherheitskritische Systeme, in denen einzelne Fehler ein Risiko darstellen
- die Erarbeitung eines Fehlerkataloges als Ausgangspunkt für weitere Verfahren.

Die Analyse der Zuverlässigkeit von Systemen wird durch die Einbringung von Fehlerwahrscheinlichkeiten möglich.

Die FMECA ist gekennzeichnet durch:

- die besondere Berücksichtung besonders risikoreicher Elemente
- die Ausrichtung auf hochkomplexe Systeme, für die die FMEA nicht geeignet ist.

Die FMEA und/oder die FMECA sollten aber nicht als einzige Instrumente zur Risiko- bzw. Gefahrenanalyse eingesetzt werden, sondern lediglich als Baustein des gesamten Systems zur Fehlerentdeckung und Fehlervermeidung gesehen werden. Vielmehr müssen diese Vorgehensweisen als ganzheitliche, vernetzte Methode im Sinne der KGVL® gesehen werden, da die Zielsetzungen der KGVL® auch in der FMEA-Analyse Geltung besitzen. Hier seien z.B. die 7 „R" der Logistik genannt:

- Die richtige Menge
- der richtigen Objekte
- am richtigen Ort
- mit der richtigen Information

- zum richtigen Zeitpunkt
- in der richtigen Qualität
- zu den richtigen Kosten

dem Abnehmer zur Verfügung stellen.

Hier zeigt sich die Komplexität der FMEA-Analyse, da die FMEA-Teams funktionsübergreifend zusammengesetzt sein sollen, gleichzeitig aber die 7 „R" erfüllt werden müssen, um den Ansprüchen des Kunden zu genügen. Ebenso sollen die Kosten für die Produktentwicklung, Produktmodifikation, Fehlervermeidung oder Fehlerentdeckung in einem wirtschaftlich vertretbaren Rahmen sein.

Abschließend läßt sich feststellen, daß durch die konsequente Anwendung der FMEA eine *win-win-Situation* für Lieferanten, Hersteller und Kunden erreichbar ist.

# 8 Havariemanagement

## 8.1 Erklärung einiger Begriffe aus dem Bereich Havarie

Zunächst sollen die Begriffe *Havarie* und *Kommissar* erläutert werden, die zwar jeder kennt, die aber in diesem Zusammenhang keine landläufige Bedeutung haben. So ist der Havariekommissar nicht mit hoheitlichen Pflichten und Rechten ausgestattet. Er ist weder Polizist noch Beamter im öffentlichen Dienst, und er hat den Anweisungen der staatlichen Behörden wie Polizei und Zoll im Schadenfall Folge zu leisten.

Begriffserklärung *Havarie:*

Eine *Havarie* ist eine Betriebsstörung, im herkömmlichen Sinn in Verbindung mit einem Wasserfahrzeug.

Durch die Havarie werden das Fahrzeug und zumeist auch die beförderte Ware in erheblicher Weise in Mitleidenschaft gezogen. Im Extremfall gehen Fahrzeug und Ware verloren. In Deutschland gibt es Havariekommissare, die Verkehrsunfälle im Straßenverkehr mit großem Schadensausmaß untersuchen. Im allgemeinen Sprachgebrauch wird der Begriff Havarie auch für Totalschäden oder Unglücke an oder in Industrieanlagen, Bauwerken, Serveranlagen und ähnlichen Objekten benutzt. Er ist inzwischen ein Synonym für einen Unfall größeren Ausmaßes oder mit größeren Folgeschäden geworden.

Begriffserklärung *Kommissar:*

Ein *Kommissar* (von lat. *commissarius*: „Beauftragter") ist ein von einem Auftraggeber mit einer Angelegenheit oder Aufgabe oder per Anweisung Beauftragter, der in Vertretung die Wahrnehmung von Amtsgeschäften vornimmt.

Der Begriff rührt von lat. *commissare*: „entsenden, beauftragen" her und ist in beiden Bedeutungen des heutigen Worts Kommission zu verstehen: als Person, die in einem Gremium stellvertretend handelt oder in *kommissarischer Aufgabenwahrnehmung* als Kommissionär auftritt.

Nachdem nun beide Begriffe erklärt sind, sollen diese zusammengeführt und der Begriff des *Havariekommissars* erklärt und sein Tätigkeitsfeld erläutert werden.

*Havariekommissar* (englisch: Surveyor) ist ein ungeschützter Begriff im Sinne von Berufsbildern und beschreibt einen *Sachverständigen für Transport- und Güterschäden.* Ein Havariekommissar ist ein neutraler Spezialist im Dienste der Versicherungswirtschaft, des Handels sowie der Lager- und Transportmitteleigentümer, um bei behaupteten oder tatsächlichen Mängeln, den Schaden an Gütern und Sachen zu bewerten und ihn dem Grunde und der Höhe nach festzustellen. Der Sachverstand bezieht sich auf die zu begutachtenden Werte. Es ist häufig geübter Brauch, im Schiffsverkehr "Kapitäne a.D." als Sachverständige einzusetzen oder bei sonstigen Transporten oder Lagerschäden Spezialisten aus den Branchen der beschädigten Güterarten zu beauftragen z.B. bei Erzeugnissen im Maschinenbau, im Bereich der Nahrungsmittel, bei Kunstgegenständen etc. Bei Transportschäden tritt die Detailkenntnis von zum Beispiel speziellen Maschinen- oder Anlagefunktionen hinter einer umfassenden Kenntnis der Transportgefahren für diese Güter, ihrer Entstehung, der Schadbildausprägung und der Bewertung der Gesamtumstände zurück. Der Einsatz erfolgt überwiegend durch Transportversicherer, Assekuradeure und Versicherungsmakler, Eigner der Transportmittel oder der transportierten Werte, im Schiffsverkehr von der Bundesstelle für Seeunfalluntersuchung, aber auch durch die Frachtführer und Verkehrsträger selbst.

Der Havariekommissar ist für eine differenzierte Dokumentation des Schadensbildes, des Schadenumfangs und der festgestellten oder vermuteten Ursache seiner Entstehung sowie zur Unterstützung der Schadensminderung und ggf. Bergung des Ladegutes zuständig. Sein Wissen ist gefragt, um in Kenntnis denkbarer Gefahren für die Ladung schon im Vorwege die potentielle Entstehung von Schäden durch Beratung der Beteiligten zu vermeiden (englisch: Loss Prevention). Sein Havariebericht (Schadensgutachten) ist häufig das entscheidende Dokument zur Ermittlung von Leistungs- oder Schadenersatzpflichten.

## 8.2 Die Tätigkeitsfelder des Havariekommissars

Havariekommissare sind der verlängerte Arm des Kunden, genauer gesagt seine Augen und Ohren, sie vertreten ihn im Schadenfall nach außen und wahren seine Interessen. Was hier so einfach und problemlos erscheinen mag, ist in der Praxis in den meisten Fällen hoch komplex, da sich der Havariekommissar immer auf neue Situationen einstellen muß. Diese Situationen sind von mehreren Einflussfaktoren anhängig. Um dies zu verdeutlichen, soll ein Fallbeispiel betrachtet werden, das bewusst einfach gehalten wird und nicht auf die einschlägige Gesetzgebung HGB und CMR eingeht. Vorausgeschickt soll jedoch werden, daß der Havariekommissar in allen aufzeigten Varianten seine Unabhängigkeit wahrt, sein Urteil neutral und nach bestem Wissen und Gewissen fällt und sein Tun und Handeln auf die Schadenminderung gerichtet ist.

*Fallbeispiel mit drei verschiedenen Varianten von Einsatzmöglichkeiten eines Havariekommissars in einem Schadenfall:*

Der Schadenfall besteht in der Anlieferung von 33 Paletten Nektarinen, die wegen zu niedrigen Kerntemperaturen und Frostschäden annahmeverweigert wurden.

Variante 1:

Der Auftraggeber des Havariekommissars ist der Empfänger.

Der Geschädigte will die Ware nicht, oder nicht zum vereinbarten Preis annehmen, da sie nicht der geforderten Qualität entspricht. Der Empfänger richtet seine Forderung an den Absender, wenn dieser für den Transport verantwortlich war, unabhängig ob dieser oder einer seiner Erfüllungsgehilfen, z.B. der Frachtführer, den Schaden verursacht hat. Ziel des Empfängers und des Havariekommissars wird es sein, einen möglichst fairen Preis für die Ware zu ermitteln.

Variante 2:

Der Auftraggeber ist der Absender der Ware. In seinem Interesse liegt es, daß festgestellt wird

- ob der Schaden wirklich vorhanden ist
- wie sich das Schadenbild zeigt
- ob die Ware ganz oder teilweise verwertbar ist
- welcher Preis für die havarierte Ware noch erzielbar ist
- in wessen Einflussbereich der Schaden entstanden ist
- an wen er seine Forderungen stellen kann.

Ziel des Havariekommissars ist es, festzustellen ob Dritte an dem Schadenereignis schuld sind.

Variante 3:

Der Auftraggeber ist der Spediteur, dem die Ware nach dem Schadeneintritt in den meisten Fällen vom Eigentümer zur Verfügung gestellt wird. Zu dieser Vorgehensweise ist anzumerken, daß diese rechtlich nicht ganz unumstritten ist. Der Spediteur, der den Transportauftrag erhalten hat und der für die Unversehrtheit der Ware verantwortlich ist, muß für eine Schadenregulierung wissen, ob der Schaden in seinem Gewahrsam entstanden ist und ob der Transport wirklich als schadenursächlich zu sehen ist. Das Ziel des Havariekommissars ist es eine Schadenminderung zu erreichen.

Diese drei Varianten zeigen, daß zwar immer der Schaden und dessen Ursache im Mittelpunkt der Tätigkeit des Havariekommissars steht, aber die Auslegung der Schadenminderungspflicht der jeweiligen Auftraggeber unterschiedlich ist.

*Häufige Reklamationen sind:*

- verspätete Anlieferung
- falsche Transporttemperaturen
- beschädigte Ware

- Ladungsverschub
- Immigranten auf der Ladefläche
- Unfallereignisse.

Wenn einer dieser Reklamationsfälle eingetreten ist, rechtfertigt das in den seltensten Fällen, daß die Ladung vom Empfänger komplett abgelehnt wird. Neben der Besichtigung und Bewertung von Waren nach Unfällen oder Transportschäden üben Havariekommissare auch schadenvorbeugende Tätigkeiten aus, um die Ware bestmöglich zu schützen und um Schäden zu vermeiden. D.h. der Havariekommissar unterstützt auch die Risikoprävention.

Die Tätigkeitsfelder des Havariekommissars lassen sich wie folgt einteilen, wobei zu beachten ist, daß Inhalt, Gewicht und Umfang der Tätigkeit für verschiedene Havariekommissariate und Regionen unterschiedlich ausfallen.
Die Kernkompetenzen sind:

- Begutachtung von Transportschäden (im In- und Ausland)
- Sorgfältige Ermittlung von Schadenursachen
- Organisation von Schadenminderungsmaßahmen
- Bestverwertung von Schadpartien
- Minderwertermittlung.

Weitere Dienstleistungen können sein:

- Loss Prevention (z.B. Lade- und Löschüberwachungen)
- Projekt- und Schwergutbesichtigungen
- Abwicklung von Kakao- und Kaffeeschäden
- Lageranalysen
- Risikobewertung
- Verpackungsberatung
- Waren- und Qualitätskontrollen, Bemusterung, Probennahme
- Erstellung von Exportpapieren gem. Konsulats- und Mustervorschriften
- Regreßsicherungen.

Die aufgezählten Tätigkeiten zeigen, daß Havariekommissare Spezialisten in ihrem Gebiet sein müssen, die auf Beauftragungen durch den Kunden äußerst schnell und flexibel reagieren müssen. Havariekommissariate verfügen i.d.R. über eine 24/7 Hotline an 365 Tagen im Jahr. Aufgrund der mannigfaltigen Themengebiete, die Havariekommissare abdecken müssen, ist es notwendig, daß die „7 R der Logistik“ im Sinne der KGVL® auf das Sachverständigenwesen abgewandelt und übertragen werden, denn nur so steht der Kunde im Mittelpunkt des Denkens und Handelns und erhält den besten Service.

Die *7 R des Havariekommissars* müssen also lauten:

- *Der richtige Sachverständige,*
- *mit der richtigen Qualifikation,*
- *vertritt Interessen des Kunden am richtigen Ort* (gleich wo, er ist für den Kunden da),
- *mit dem richtigen Hintergrundwissen über die Ladung,*
- *zum richtigen Zeitpunkt* (sofort nach der Beauftragung durch den Kunden begibt er sich zur Besichtigung),
- *in der richtigen Qualität* (der Kunde wird umgehend kontaktiert, wenn erste Erkenntnisse vorliegen, um das weitere Vorgehen mit ihm zu besprechen),
- *zu den richtigen Kosten.*

## 8.3 Die Voraussetzungen für die erfolgreiche Tätigkeit des Havariekommissars

Wie bereits im Abschnitt 8.2 beschrieben decken Havariekommissare ein umfangreiches Aufgabengebiet ab. Unterstellt man hierbei, daß die Schadenermittlung und -feststellung eigentlich niemandem schwer fallen dürfte und man dafür nur wenig Hintergrundwissen benötigt, liegt man völlig falsch.

*Einteilung der Schadenarten:*

- „Klassische“ Havarie nach einen Unfall
- Transportschäden
- Lagerschäden.

Jeder kennt das Sprichwort: „Aus Schaden wird man klug“. Dies trifft nicht nur auf den Geschädigten und den Schadenverursacher zu, sondern auch auf den Havariekommissar, der mit jedem Schadenfall zu seinem Wissen über die jeweilige Warengruppe, das jeweilige Transportmittel oder den jeweiligen Produktionsschritt neue Erkenntnisse hinzugewinnt. Auch soll gleich der Gedanke verworfen werden, daß Schaden gleich Schaden ist. Selbstverständlich sind verdorbene Früchte in jedem Schadenfall verdorben. Der Schaden ist somit festgestellt. Doch stellt sich jetzt die Frage nach den Gründen. An dieser Stelle der Arbeit des Havariekommissars trennt sich die Spreu von Weizen, oder anders ausgedrückt: Arbeitet der Havariekommissar nach den beschriebenen „7 R“ oder macht er nur seinen Job nach den Vorgaben des Auftraggebers?
Wir wollen beide Arbeitsweisen analysieren und in einem Vergleich mit der Zielsetzung „Erfolgreiches Havariemanagement und zufriedene Auftraggeber (Kunden)“ gegenüberstellen.
Um dies anschaulich darstellen zu können, soll ein weiteres Beispiel aus der Lebensmittellogistik vorgestellt werden. Hierbei ist der Auftraggeber die Spedition.

Szenario:
Anlieferung von 33 Paletten Tiefkühlbackwaren. Die Annahme wird verweigert, da die Stichprobenmessungen des Empfängers nur Werte von -16° C ergeben haben. Die gesetzlich vorgeschriebene Transporttemperatur liegt bei -18° C.
Der Ausdruck des externen Temperaturschreibers weist Temperaturdifferenzen zwischen den beiden Meßfühlern, die im Kühlauflieger angebracht sind, von 5° C aus.
Es sei an dieser Stelle angemerkt, daß technische Erklärungen und die gesetzlichen Erläuterungen im Anschluß an die Betrachtung vorgenommen werden.
Betrachtung der Arbeit des Havariekommissars als „Job“:
Der Havariekommissar wird im Sinne seines Kunden arbeiten und bestrebt sein, durch einige Messungen eine höhere Annahmequote zu erreichen. Er

wird damit argumentieren, daß kurzfristige Erwärmungen der Produkte bis -15° C im Rahmen der Auslieferung erlaubt sind und bei dem Produkt keine Gefahr im Sinne der Lebensmittelhygiene besteht. Weiterhin wird er versuchen, herauszufinden ob die Ware nicht schon beim Empfänger unzureichend gefroren war, z.B. durch zu kurze Einlagerungszeiten nach der Produktion. Ist er mit einer der beiden Möglichkeiten erfolgreich, hat er den Kunden bzw. seine Transportversicherung davor bewahrt, den Schaden zu regulieren. Der Kunde ist – kurzfristig – zufrieden. Doch was wirklich schadenursächlich war, wurde nicht wirklich ermittelt, da für den Kunden kein Schaden entstanden ist. Doch wie oft wird diese Vorgehensweise gut gehen?

Betrachtung der Arbeit des Havariekommissars unter Beachtung der „7 R“:
In der anfänglichen Vorgehensweise unterscheiden sich die beiden Ansätze nicht auffällig, auch hier wird der Havariekommissar mit den gleichen Argumenten und Herangehensweisen versuchen, den Schaden zu mindern oder ungeschehen zu machen. Jedoch ist der Havariekommissar bemüht, sich von dieser simplen Betrachtungsweise lösen. Die Aufarbeitung des Schadenser-eignisses wird in den Vordergrund gestellt, indem er der Frage nachgeht: Warum gibt es eine Abweichung von 5° C?
Dem Spediteur werden so im Sinne einer ganzheitlichen Betrachtungsweise des modernen Havariemanagements Empfehlungen mit auf den Weg gegeben.
Dies sind im Einzelnen:

- die Anweisung an das Personal, Temperaturüberprüfungen bei der Warenübernahme durchzuführen
- der Auftrag, den Auflieger ausreichend vorzukühlen und
- der Hinweis, das Kühlaggregat und die Lage der Temperaturfühler in einer Fachwerkstätte überprüfen zu lassen.

Bei der Gutachtenerstellung werden die Erkenntnisse aus der Realisierung dieser Empfehlungen mit einfließen, um mögliche Schadensauslöser zu elimi nieren.

Arbeitet der Havariekommissar im Sinne der „7 R“ wird er auch einen zufriedenen Kunden haben selbst wenn in dem einen oder anderen Fall festgestellt wird, daß der Schaden im Einflussbereich des Auftraggebers entstanden ist. Warum ist das so? Der Kunde hat durch die ehrliche und vorausschauende Bewertung eines Schadens die Möglichkeit, Prozesse in seinem Unternehmen zu optimieren, Mitarbeiter zu schulen und qualitätssteigernde Maßnahmen durchzuführen. Kurz gesagt, ihm wurde die Gelegenheit gegeben, aus diesem Schaden klug zu werden, um langfristig auf dem Markt bestehen zu können.

Fazit:

Havariekommissare, die ihr Handwerk nicht als reine Schadenfeststeller auffassen, sondern als kundenorientierte Havariemanager im Sinne der KGVL® auftreten, werden auf einen zufriedenen Kundenkreis blicken können, da sie ihren Kunden mit ihren Gutachten und Berichten nicht nur Momentaufnahmen eines Schadens liefern, sondern auch Lösungsmöglichkeiten aufzeigen, die unter qualitätsbezogenen Gesichtspunkten ein langfristiges Bestehen auf dem Transportmarkt sichern.

Neben der Kundenorientierung ist Fachwissen aus vielen Bereichen notwendig, um Schadenereignisse kompetent zu analysieren. Im Einzelnen werden Havariekommissare mit folgenden Themengebieten zwangsläufig konfrontiert:

- Warenkunde im Food und Non-Food-Bereich
- Temperaturgeführte Transporte
- Ladungssicherung
- Verpackungstechniken und -richtlinien
- Grundlagen aus der Chemie und Gefahrenkunde
- Produktionsprozesse und Prozeßanalyse.
- Transport und CMR-Versicherungen

Neben diesen „harten“ Fakten ist es auch erforderlich, sog. Soft-Skills nachzuweisen. Zu diesen zählen folgende Fähigkeiten und Fertigkeiten:

- Fremdsprachenkenntnisse, und seien es nur aufgeschriebene Sätze, die dem Beteiligten gezeigt werden können und auf die er schriftlich antworten kann.
- Interkulturelle Kompetenz. Hier muß sich ein professionell handelnder Havariekommissar immer vor Augen halten, daß ein Schadenereignis für alle Beteiligten, besonders wenn ein Fahrer der Landessprache nicht mächtig ist, einen Streßfaktor darstellt
- Selbstbeherrschung, worunter zu verstehen ist, daß der Havariekommissar vor Ort der Schadenminderung die oberste Priorität einräumen muß. Etwaige Feststellungen bzgl. des Verschuldens sollten vor Ort nur sehr sparsam getroffen werden, da meist nicht alle Daten und Fakten vorliegen.

In den folgenden beiden Abschnitten wollen wir auf die beiden ersten Punkte in obiger Aufzählung näher eingehen.

### 8.3.1 Warenkunde im Food- und Non-Food-Bereich

Havariekommissare müssen ein fundiertes Wissen über die zu begutachtenden Waren haben. Im Lebensmittelbereich heißt das, daß die einschlägige Fachliteratur und im Obst und Gemüsebereich die EG-Vermarktungsnormen und festgelegten Mindesteigenschaften bekannt sein müssen. Besonders bei Obst und Gemüse müssen einige Vorschriften über die zu begutachtende Ware bekannt sein und auch angewandt werden, da sonst Fehleinschätzungen auftreten, die das Ergebnis der Schadenbeurteilung nachteilig beeinflussen.

Es ist zwar nicht unbedingt erforderlich, bei jedem Gemüse oder jeder Frucht zu wissen mit welcher Temperatur diese gelagert und transportiert werden muß. Es ist aber notwendig, fundamentale Eigenschaften der jeweiligen Ware zu kennen.

Bei Obst und Gemüse ist zu unterscheiden, ob diese - und dies ist bei Mischladungen sehr wichtig - Ethylen abgeben oder aufnehmen, wobei auch hier Vorsicht geboten ist, wie das Beispiel Tomaten zeigt. Reife (rote) Tomaten scheiden Ethylen aus, werden aber zu den ethylenempfindlichen Warenarten gezählt. In den USA reift man blassgelb geerntete Früchte am Bestimmungsort in Reifekammern unter Zugabe von Ethylen nach. Dieses Verfahren ist in Europa nicht üblich. Ethylen (chemische Formel $C_2H_4$) wird von einer Reihe von Früchten während des Reifeprozesses ausgeschieden und stimuliert seinerseits den Reifevorgang.

*Ethylenausscheidende Früchte* sind:

| | | |
|---|---|---|
| Äpfel | Guaven | Papayas |
| Aprikosen | Kakifrüchte | Passionsfrüchte |
| Avocados | Kiwis | Pfirsiche |
| Bananen | Mangos | Pflaumen |
| Birnen | Mangostane | Quitten |
| Cherimoyas | Melonen | Rambutan |
| Feigen | Nektarinen | Tomaten |

Die Ethylenausscheidung ist ein völlig normaler Vorgang, es muß allerdings darauf geachtet werden, daß der Reifevorgang nicht vorzeitig durch beschädigte Früchte, die typischerweise bereits Ethylen abgeben, ausgelöst bzw. stimuliert wird. Bananen und Kiwis reagieren äußerst empfindlich auf Ethylen, das etwa von in der Nähe gelagerten anderen Früchten abgegeben wird und einen unkontrollierten vorzeitigen Reifevorgang auslöst. Vorsicht ist auch geboten bei Warenarten, die zwar selbst kein Ethylen abgeben, hierauf aber sehr sensibel (z.B. durch Gelbverfärbung) reagieren und verderben.

*Ethylenempfindliche Erzeugnisse* sind:

| | | |
|---|---|---|
| Auberginen | Gurken | Petersilie |
| Blattgemüse | Kopfkohl | Rosenkohl |
| Blumenkohl | Kopfsalat | Schnittblumen |
| Brokkoli | Kürbisse | Schnittgrün |
| Chicorée | Möhren | Topfpflanzen |
| Erbsen | Okra | Wasserkresse |
| Bohnen, Grüne | Paprika | Wassermelonen |

Ethylenempfindliche Erzeugnisse dürfen daher unter keinen Umständen in der Nähe von ethylenabgebenden Erzeugnissen gelagert werden. Ethylen hält sich zudem noch für längere Zeit im Wandverputz. Bei der Verwendung von Lagerräumen, in denen zuvor ethylenabgebende Früchte gelagert waren, ist also ebenfalls Vorsicht geboten. Demnach ist Vorsicht geboten, wenn Tomaten und Paprika gemeinsam transportiert werden. Gurken werden derzeit wegen ihrer Ethlyenempfindlichkeit von den Packbetrieben in den Anbaugebieten mit Folie umwickelt, damit sie kein Ethlyen aufnehmen.

Eine weitere Unterscheidung von Früchten ist, ob diese nachreifen oder nicht. Erzeugnisse, die nach der Ernte nachreifen, werden als *klimakterische Erzeugnisse* bezeichnet. Dazu zählen:
Äpfel, (Ananas), Aprikosen, Avocados, Bananen, Birnen, Cherimoyas, Feigen, Guaven, Heidelbeeren, Kakis, Kiwis, Mangos, Melonen (Honigmelonen, Zuckermelonen), Papayas, Pfirsiche, Nektarinen, Tomaten.

Für Ananas gilt:

Der ideale Erntezeitpunkt ist erreicht, wenn die Früchte voll entwickelt sind und etwa 13° Brix (Erklärung s.u.) aufweisen. Auf dem Transport zu den Verbraucherländern erhöht sich dieser Wert auf 15° Brix und mehr. Gleichwohl werden Ananas von vielen Fachleuten nicht zu den eigentlich klimakterischen Früchten gezählt.

Der *Brix-Wert:*

Das Maß für die lösliche Trockensubstanz in einer Flüssigkeit (und damit annähernd der Zuckergehalt) wird üblicherweise in "Grad Brix" (° Brix) angegeben. Indirekt erhält man hierdurch einen objektiven Wert des Reifegrades einer Frucht. Einige EG-Vermarktungsnormen (z.B. für Kiwis und Melonen) legen inzwischen fest, daß "hinreichend reife" Früchte im Sinne der Norm bestimmte Brix-Werte aufweisen müssen. Wassermelonen sind hier ein sehr gutes Bespiel, da deren Reifgrad selten von außen schwer erkennbar ist. Der Zuckergehalt reifer Früchte beträgt ungefähr 10° Brix, der Wassergehalt übrigens ca. 95 %.

Nicht *klimakterische Erzeugnisse* sind:

Brombeeren, Erdbeeren, Himbeeren, Kirschen, Pflaumen, Zwetschgen, Mirabellen, Tafeltrauben, Wassermelonen, Zitrusfrüchte [IN37].

Wie ersichtlich ist, sind Früchte ein weitaus komplexeres Transport- und Lagergut als gemeinhin angenommen wird. Weiterhin soll jeder Havariekommissar in der Lage sein, etwaige Krankheiten an Früchten zu identifizieren.

Im folgenden Abschnitt wollen wir gesetzliche Vorschriften für die Transporttemperaturen einiger Produkte behandeln, da diese auch in der Warenkunde bedeutsam sind.

Der Non-Food-Bereich ist ein sehr weites Feld, so daß eingeräumt werden muß, daß es fast unmöglich ist, sich detaillierte Kenntnisse über sämtliche Warenarten im Vorfeld anzueignen. Basiswissen muß aber auf jeden Fall vorhanden sein. Der Havariekommissar muß stets über genügend Kontakte verfügen, damit havarierte Ware, gleich welcher Art, wieder aufgearbeitet oder verkauft werden kann.

### 8.3.2 Temperaturgeführte Transporte

Im globalisierten Handel nehmen Transporte eine immer bedeutsamer werdende Stellung bei der Distribution von Gütern ein. Alle Branchenverbände und auch die Politik prognostizieren eine Erhöhung des gesamten Transportaufkommens. Dies betrifft nicht nur Industrie- und Konsumgüter, die im fernen Osten oder in anderen Regionen der Welt produziert werden, sondern auch die Lebensmittelbranchen. Durch weitgehend offene Grenzen und dadurch freie Fahrt durch ganz Europa ist auch in diesem Bereich eine Tendenz zur Just-In-Time-Methode zu erkennen. Daß eine Entwicklung mit einem erhöhten Angebot an Transportkapazitäten eingetreten ist, das mit Sicherheit auch auf den Markteintritt von Speditionen in den neuen EU-Ländern im Osten zurückzuführen ist, stellt eine nicht zu übersehende Tatsache dar. Auf neuen Märkten ist anfänglich sicherlich ein guter Profit zu erzielen, aber auch in diesen Ländern gibt es Firmen, die an dem erzielten Wohlstand teilhaben wollen und dies durch qualifiziertes Personal und teilweise bessere und modernere Fahrzeugtechnik – hier seien nur die Abgasnormen genannt – erfolgreich geschafft haben in für sie neue Märkte einzutreten. Es sei noch angemerkt, daß zahlreiche Voraussetzungen erfüllt sein müssen, um die Zulassungen und Lizenzen für den gewerblichen, grenzüberschreitenden Güterverkehr zu erhalten.

Im diesem Abschnitt wollen wir die temperaturgeführten Transporte behandeln. Nicht nur im Bereich der Lebensmittel gibt es vorgeschriebene Transporttemperaturen, sondern auch bei Medikamenten, Chemikalien und Farben können Temperaturen vorgeschrieben sein. An dieser Stelle soll noch mal ausdrücklich betont werden, daß es einen großen Unterschied macht, ob solche Güter vom Kunden vom Supermarkt nach Hause oder mit dem LKW von Italien nach Deutschland transportiert werden. Der Unterschied besteht darin, daß im privaten Bereich der Endverbraucher nach Bezahlung Eigentümer der Ware ist, wohingegen der Transportunternehmer für die Unversehrtheit des Ladegutes verantwortlich ist. Daß trotz aller Professionalität der Speditionen auch Fehler passieren, bei denen selbst hartgesottene Havariekommissare den Kopf schütteln, soll das folgende Beispiel zeigen.

Beauftragt wurde Mitte Dezember ein Transport von 33 Paletten Mineralwasser von Italien nach Deutschland. Der ausführende Unternehmer schickte ein Planenfahrzeug nach Italien, mit der Konsequenz, daß ca. 2/3 der Ladung während des Transports über die Alpen in den Flaschen einfror und die Glasflaschen platzten. Der Auftraggeber des Transportes hatte ein geeignetes Fahrzeug bestellt. Hier lag das Verschulden beim Disponenten der Spedition.

Dieses Bespiel soll zeigen, daß es neben Transporten, bei denen die Kühlkette aufgrund gesetzlicher Vorschriften eingehalten werden muß, auch Güter gibt, die wegen besonderer Eigenschaften auch besonders transportiert werden müssen.

Die Kühlkette ist das durchgängige System der Kühlung beim Transport zwischen Hersteller, Großhändler, Händler und Verbraucher insbesondere von Lebensmitteln und zunehmend auch von medizinischen oder chemischen Produkten. Dieses System muß lückenlos dokumentiert sein. Die Zahl kühlpflichtiger Produkte nimmt deutlich zu. Neben Produkten aus Pharmazie und Kosmetik betrifft dies vor allem frische und tiefgekühlte Lebensmittel. Die Speditionsbranche setzt eine Vielzahl an Spezialbehältern und -fahrzeugen ein, um Waren in möglichst frischem Zustand bei den Empfängern abzuliefern. Zunehmend werden hier auch GPS-gestützte Flottenmanagementsysteme eingesetzt, die die Kühltemperatur permanent erfassen und senden. Diese Aufzeichnungen sind im Schadenfall sehr wichtig, um den Schadenhergang zu rekonstruieren und Schadenverursacher zu ermitteln.

Frischware und Gefriergut, deren Haltbarkeit von der dauernden Kühlung abhängt, bedürfen der ununterbrochenen Kühlung, um sie vor dem Verderb so lange wie möglich zu schützen. Die gesetzlichen Vorschriften für tiefgefrorenes Fleisch und Frischfleisch regeln die Temperaturzonen für die Kühlkette diverser Lebensmittel: Tiefgekühltes Fleisch und tiefgefrorener Fisch müssen dauerhaft und durchgängig auf minus 18 Grad Celsius gekühlt werden. Für Frischfleisch ist eine maximale Temperatur von 4 Grad, für Milch und Molkereiprodukte von 8 Grad zu gewährleisten. Schokolade benötigt Temperaturen von 15 bis 18 Grad. Für Obst und Gemüse sind unterschiedliche Temperaturen, je nach Art sicherzustellen. Zum Beispiel werden frische Äpfel bei 1 bis 4 Grad, Mangos bei etwa 12 Grad Celsius transportiert. Entsprechend komplexe Anforderungen bestehen an die Logistik von Lebensmitteln. Kühlfahrzeuge verfügen daher oft über mehrere Kühlkammern mit unterschiedlichen Temperaturzonen. Damit wird es ermöglicht, bei internationalen Transporten, bei denen meist Komplettlieferungen verlangt werden, unterschiedliche Kühlvorschriften einzuhalten. Kommt es zu einer Unterbrechung der Kühlkette, so sind die dadurch möglicherweise verdorbenen Lebensmittel zu vernichten. Gerät dennoch ein Lebensmittel, bei dem die Kühlkette unterbrochen worden war, in den Verkehr, so kann dies beim Verzehr zu Übelkeit bis hin zur Lebensmittelvergiftung und zu entsprechenden Lebensmittelkrisen führen.

Medizinische Produkte reagieren oft empfindlich auf Temperaturschwankungen. Die Lebensdauer von Impfstoffen beispielsweise kann sich erheblich verkürzen, wenn eine bestimmte Lagertemperatur auch nur kurzzeitig unter- oder überschritten wird. Fehlt also in bestimmten Fällen ein exakter Nachweis über die Temperatur beim Transport, muß bereits eine Schwankung angenommen und das Produkt vernichtet werden. Ähnlich verhält es sich bei Blutkonserven, Infusionen, Bakterienkulturen, chemischen Reagenzien und bestimmten human- und tiermedizinischen Pharmazeutika.

Auch von Seiten des Gesetzgebers gibt es immer mehr Vorschriften in diesem Bereich. Beispielsweise fordert die seit 1. November 2006 geltende, neue Arzneimittel- und Wirkstoffherstellungsverordnung (AMWHV) nachzuweisen, daß medizinische Produkte durch Lagerung und Transport auf dem Weg zum Abnehmer keinen Schaden nehmen. Auch die EU plant eine Verordnung zur lückenlosen Dokumentation des Transportweges solcher Produkte. Konventionelle Lösungen, meist Spezialverpackungen in Kombination mit passiver

Kühlung durch Trockeneis, reichen hier zunehmend nicht mehr aus. Sie können Temperaturschwankungen wie sie normalerweise im Inneren eines LKWs auftreten kaum ausgleichen.
Chemische Halbzeuge unterliegen oft Anforderungen an eine bestimmte Lagertemperaturen und -zeiten sowie Transporttemperaturen und -zeiten, da sie ansonsten bereits reagieren oder spezifizierte Eigenschaften verlieren. Moldmassen (Duroplaste) für die Herstellung von Gehäusen für Integrierte Schaltkreise sind ein solches Beispiel.

Hauptthema im vorliegenden Abschnitt sind die Anforderungen für Lebensmitteltransporte. An oberster Stelle der Vorschriften steht die *EU-Verordnung (EG) 178/2002 Basisverordnung –Lückenlose Rückverfolgbarkeit von Lebensmitteln.* Die Verordnung verpflichtet alle Beteiligten in der Lebensmittelkette die lückenlose Rückverfolgbarkeit ihrer Produkte jederzeit zu gewährleisten und Verfahren des Krisenmanagements einzurichten. Damit diese Verordnung von allen Beteiligten kompromisslos durchgeführt wird, wurden weitere Verordnungen bzgl. der Lebensmittelhygiene und der Aufzeichnung der Transporttemperaturen erlassen. Diese sind die

- *EU-Verordnung (EG) 852/2004 über Lebensmittelhygiene*
- *Temperaturschreiber-Verordnung nach HAACP-Grundlagen*
- *Verordnung (EG) Nr. 853/2004 mit spezifischen Lebensmittelvorschriften für Lebensmittel tierischen Ursprungs*
- *Verordnung (EG) Nr. 854/2004 mit besonderen Vorschriften für die amtliche Überwachung von zum menschlichen Verzehr bestimmten Erzeugnissen tierischen Ursprungs.*

Ziel war es, das gemeinschaftliche Hygiene- und Veterinärsrecht zusammenzufassen. Gleichzeitig wurde durch Einbezug der Landwirtschaft der "Farm-to-Fork-Ansatz" unter Berücksichtigung der Grundsätze und Grundbegriffe der EU-Basisverordnung 178/2002 verwirklicht. Die EU-Hygienevorschriften haben als geltende Verordnungen erhebliche Auswirkungen auf das bestehende nationale Hygienerecht. Welche Auswirkungen das sind, hat der Bund für Lebensmittelrecht und Lebensmittelkunde (BLL) umfassend zusammengefasst.

Ein weiterer relevanter Erlass ist die *EU-Tiefkühlverordnung (EG) Nr. 37/2005 zur Überwachung der Transporttemperaturen.* Diese Verordnung ersetzt die bisherige Tiefkühlrichtlinie 92/1/EWG vom 13. Januar 1992. Die Verordnung gilt u.a. für gewerbliche Tiefkühlhäuser, Tiefkühlspeditionen, Tiefkühlhäuser des Handels und der Industrie sowie zukünftig auch für die Deutsche Bahn. Nach Artikel 2, Absatz 3 sind sämtliche Temperaturaufzeichnungen zu datieren und abhängig von der Art der Mindesthaltbarkeit der tiefgefrorenen Lebensmittel mindestens ein Jahr oder gegebenenfalls länger aufzubewahren. Daher müssen seit 01. Januar 2006 alle zur Temperaturüberwachung eingesetzten Messgeräte folgenden drei europäischen EN-Normen entsprechen.

- EN 12830 (Temperaturregistriergeräte für den Transport, die Lagerung und die Verteilung von gekühlten, gefrorenen und tiefgefrorenen Lebensmitteln sowie für Eiskremprüfungen, Leistungen und Gebrauchstauglichkeit)
- EN 13485 (Thermometer zur Messung der Luft- und Produkttemperatur für den Transport, die Lagerung und die Verteilung von gekühlten, gefrorenen, tiefgefrorenen Lebensmitteln sowie für Eiskremprüfungen, Leistungen und Gebrauchstauglichkeit)
- EN 13486 (Temperaturregistriergeräte und Thermometer für den Transport, die Lagerung und die Verteilung von gekühlten, gefrorenen und tiefgefrorenen Lebensmitteln sowie für Eiskremprüfungen, Leistungen und Gebrauchstauglichkeit)

Was bedeuten diese Verordnungen für Spediteure und Transportunternehmen konkret?

Das Kühlfahrzeug muß entsprechend ausgestattet sein. Dies betrifft nicht nur die technische Ausstattung sondern auch Hygienesysteme, die von den Unternehmern bereitgestellt werden müssen.

- Luftleitsysteme
- Leistungsreserve der Kältemaschine

- Temperaturaufzeichnung gem. VO (EG) 37/2005
- Temperaturaufzeichnungsnachweis möglichst in digitaler Form
- Montierung eines zweiten Temperaturfühlers im Heckbereich
- Gültige ATP-Zulassungen.

Hier soll nicht explizit auf jede der Anforderungen eingegangen werden. Zu den Luftleitsystemen sei nur kurz erklärt, daß es sich hierbei um Luftbahnen bzw. Luftleitkanäle handelt, die die Kühlluft an das Heck des Transportfahrzeugs transportieren und für die Zirkulation der Kühlluft sorgen. Werden diese Leitsysteme nicht richtig bedient – insbesondere bei Aufliegern mit Etagenbalken – ist eine zu hohe Umgebungstemperatur und damit eine Reklamationsmöglichkeit die Folge. Sind diese Etagenbalken zu weit nach oben geschoben, dann wird die Kühlluftzirkulation eingeschränkt und die Temperaturfühler bekommen falsche Werte.

Abb. 8-1: Abgedrückte Kühlluftführung

Wir verweisen auf das in dem Szenario zu Beginn von Abschnitt 8.3 angeführte Beispiel mit den unterschiedlichen Temperaturen der beiden Messfühler. Jetzt wollen wir die technische Erklärung dafür liefern, warum es dazu kommen kann.

Das Thema Temperaturdifferenzen wird in [Ztran05] behandelt. Dort wurden zwei Kühlauflieger unterschiedlicher Marken einem Langzeittest von einem Jahr und einer Laufleistung von ca. 120.000 km unterzogen.

Zum besseren Verständnis geben wir die Skizze der Abb. 8-2 an, die zeigt wie die Kühlluft um das Ladegut zirkulieren soll.

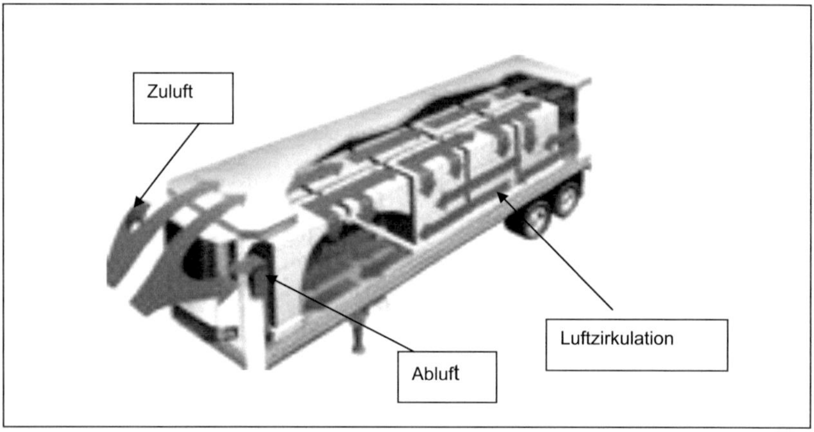


Abb. 8-2: Luftzirkulation in einem Kühlauflieger

Nachfolgend zitieren wir einen Erfahrungsbericht aus der o.g. Fachzeitschrift [Ztran05].

*„Probleme haben im Krone- wie im Schmitz-Auflieger dagegen die serienmäßig installierten Temperaturfühler verursacht. Im Start-Stop-Betrieb hätten sich zwischen vorderem und hinterem Teil des Koffers Temperaturschwankungen bis acht Grad ergeben [...]. Das Kühlaggregat schaltet ab, wenn die gewünschte Temperatur erreicht ist. Steigt die Temperatur, sollte das Kühlaggregat wieder einschalten und den Raum abkühlen. Das habe es aber nicht rechtzeitig getan, erklärt der Fuhrparkleiter. Nach Versuchen [...] stellte sich die Fehlerquelle heraus. Der Fühler an der Stirnwand, der das Kühlaggregat aktiviert, war zu nahe am Verdampfer platziert. Dessen Temperatur stieg weniger schnell an als die Raumtemperatur*

*im gesamten Aufbau.* Die *Fühler* wurden *in die Ecke zwischen Stirn und Dach* gesetzt. *Seither haben die Schwankungen im Aufbau höchstens zwei Grad betragen, erklärt der Werkstattmeister. Das Beste wäre, wenn der Kunde die Position der Fühler selbst bestimmen dürfte, wurde daher vorgeschlagen.“*

Neben diesen Fühlern sind die Kühlmaschinen selbst auch mit Temperaturfühlern ausgestattet, deren Temperaturaufzeichnungen sich typabhängig, mittels einer geeigneten Software in den jeweiligen Fachwerkstätten der Hersteller auslesen lassen.

Die ATP-Zulassung ist für die besonderen Beförderungsmittel, die für den grenzüberschreitenden Transport von gekühlten, gefrorenen und tiefgefrorenen Lebensmitteln eingesetzt werden, verpflichtend.

*Die Bedeutung der ATP-Zulassung*

ATP ist die Abkürzung der französischen Bezeichnung: Accord relatif aux Transports internationaux de denrées Périssables et aux engines spéciaux à utiliser pour ces transports.

Hinter der Bezeichnung ATP verbirgt sich ein Abkommen von weltweit 47 Staaten, das den internationalen Transport leicht verderblicher Lebensmittel regelt. Die meisten Staaten liegen in Europa und in Nordafrika. Es befinden sich unter den Unterzeichnern aber auch die USA, Kasachstan und Usbekistan. Man unterscheidet bei der ATP verschiedene Zertifizierungsklassen, die die entsprechenden Beförderungsbedingungen, Wärmedämmung der Isolierung sowie Temperaturbereiche festlegen. Bei einem Neufahrzeug gilt die ATP-Bescheinigung max. 6 Jahre ab Herstellungsdatum des wärmegedämmten Aufbaus und der Kältemaschine. Nach einer erfolgten Wiederholungsprüfung wird diese auf weitere, max. 3 Jahre ausgestellt. Die Fahrzeuge müssen mit einem ATP-Zulassungsschild an der Stirnwand und mit ATP-Gültigkeitsaufkleber an jeder Seitenwand bestückt sein. Die am häufigsten vorkommenden Beförderungsmittel haben die ATP-Klasse FRC, mit der uneingeschränkt leicht verderbliche Lebensmittel im Sinne des ATP-Abkommens transportiert werden können.

## Bedeutung der einzelnen Buchstaben in der ATP-Klassenkennzeichnung:

1. Buchstabe: Art der Kühl- / Heizeinrichtung

C: Beförderungsmittel mit eingebauter Heizanlage (franz. Chauffage)

F: Beförderungsmittel mit eingebauter Kältemaschine (Frigerated)

R: Beförderungsmittel mit eingebautem Kältespeicher (Restore)

2. Buchstabe: Art der Wärmedämmung

N: Beförderungsmittel mit normaler Wärmedämmung (Normal Insulation) mittlerer K-Wert ≤ 0,70W/m²K

R: Beförderungsmittel mit verstärkter Wärmedämmung (Reinforced Insulation) mittlerer K-Wert ≤ 0,40W/m²K

3. Buchstabe: Temperaturbereich des Beförderungsmittels bei einer Außentemperatur von + 30°C

A: Temperaturklasse zwischen +12 °C und 0 °C

B: Temperaturklasse zwischen +12 °C und -10 °C , mittlerer K-Wert ≤ 0.40 W/m²K

C: Temperaturklasse zwischen +12 °C und -20 °C , mittlerer K-Wert ≤ 0.40 W/m²K.

Ist das Beförderungsmittel mit einer Kältemaschine ohne autarken Antrieb ausgestattet, muß hinter der Klasse zusätzlich ein X stehen.

Vorgeschriebene Transporttemperaturen

Diese können nach Angabe des Absenders auch niedriger liegen. Die Angaben befinden sich dann in den CMR-Frachtpapieren (CMR: Vereinbarung über den Vertrag für internationale Warentransporte auf Straßen). Die Transporttemperaturen dürfen während bestimmter Vorgänge, wie der Be- und Entladung und der Enteisung des Verdampfers, um höchstens 3° C über die Grenztemperaturen kurzfristig ansteigen.

Lebensmittel mit Transporttemperaturen unter -10°C, ATP-Klassenkennzeichen FRC, FRCX, RRC, RRCX:

Speiseeis ( -20° C )

Fisch, gefroren oder tiefgefroren, Fischerzeugnisse, Weichtiere, Krustentiere und alle anderen Lebensmittel, tiefgefroren ( -18° C )

Alle anderen Lebensmittel, gefroren (außer Butter) ( -12° C )

Lebensmittel mit Transporttemperaturen zwischen 0 und -10°C , ATP- Klassenkennzeichen FRC, FRCX, RRC, RRCX, FRB, FRBX, RRB, RRBX:

Gefrorene Butter ( - 10° C )

Lebensmittel mit Transporttemperaturen über 0°C, ATP-Klassenkennzeichen FRC, FRCX, RRC, RCX, FRB, FRBX, RRB, RRBX, FNA, FNAX, RNA, RNAX:

Nebenprodukte der Schlachtung ( +3° C) [3)]

Butter ( +6° C )

Wildbret ( +4° C )

Konsummilch (rohe oder pasteurisierte Milch) zum direkten Verbrauch in Tanks ( +4° C) [3)]

Industriemilch ( +6° C) [3)]

Milcherzeugnisse (Joghurt, Kefir, Rahm und Frischkäse) [4)] ( +4° C) [3)]

Fische, Weichtiere und Krustentiere [1)] (müssen immer unter schmelzendem Eis befördert werden)

Fleischerzeugnisse [2)] ( +6° C )

Fleisch (mit Ausnahme von Nebenprodukten der Schlachtung) ( +7° C )

Geflügelfleisch und Kaninchenfleisch ( +4° C )

Für gefrorene und tiefgefrorene Lebensmittel ist nach dem ATP-Übereinkommen folgendes zu beachten:

1. Für die Beförderung der o.g. gefrorenen und tiefgefrorenen Lebensmittel sind die Beförderungsmittel so auszuwählen und zu verwenden, daß während der Beförderung die höchste Temperatur der Lebensmittel an jeder Stelle der Ladung den angegebenen Wert nicht überschreitet. Daher sind Transportbehältnisse, die zur Beförderung tiefgefrorener Lebensmittel verwendet werden, mit Ausnahme von Transportbehältnissen auf Eisenbahnen mit einer entsprechenden Vorrichtung auszustatten. Falls eine Überprüfung der Lebensmitteltemperatur vorgenommen wird, so ist diese mit dem dafür festgelegten Verfahren durchzuführen

---

1) Außer geräucherten, gesalzenen, getrockneten oder lebenden Fischen, lebenden Weichtieren und lebenden Krustentieren.
2) Außer den durch Pökeln, Räuchern, Trocknen oder Sterilisieren haltbar gemachten Erzeugnissen.
3) Grundsätzlich darf die Dauer der Beförderungen 48 Stunden nicht überschreiten.
4) "Frischkäse" bedeutet nicht ausgereifter Käse, der kurz nach der Herstellung fertig zum Verbrauch ist und der beschränkt haltbar ist.
(Quelle: http://www.tuev-sued.de)

2. Entsprechend muß die Temperatur der Lebensmittel an jeder Stelle der Ladung während des Beladens, der Beförderung und des Entladens auf oder unter dem angegebenen Wert liegen.

3. Wenn es notwendig ist, das Beförderungsmittel z. B. für Kontrollzwecke zu öffnen, muß sichergestellt werden, daß die Lebensmittel nicht Verfahren oder Bedingungen ausgesetzt werden, die den Zielen des ATP-Abkommens oder denen des internationalen Übereinkommens über die Harmonisierung der Grenzkontrollen von Gütern widersprechen.

4. Während bestimmter Vorgänge wie die Enteisung des Verdampfers von Beförderungsmitteln mit Kältemaschine darf ein kurzes Ansteigen der Temperatur um höchstens 3° C über den angegebenen Wert an der Oberfläche der Lebensmittel bei einem Teil der Ladung, z. B. in der Nähe des Verdampfers, zugelassen werden.

Für gekühlte Lebensmittel gilt:

1. Für die Beförderung von gekühlten Lebensmitteln sind die Beförderungsmittel so auszuwählen und zu verwenden, daß während der Beförderung die höchste Temperatur der Lebensmittel an jeder Stelle der Ladung den angegebenen Wert nicht überschreitet. Sollte jedoch eine Überprüfung der Temperatur der Lebensmittel stattfinden, so ist diese im Einklang mit dem im ATP-Übereinkommen festgelegten Verfahren durchzuführen.

2. Entsprechend darf die Temperatur der Lebensmittel an jeder Stelle der Ladung während des Beladens, der Beförderung und des Entladens den angegebenen Wert nicht überschreiten.

3. Wenn es notwendig ist, das Beförderungsmittel z.B. für Kontrollzwecke zu öffnen, muß sichergestellt werden, daß die Lebensmittel nicht Verfahren oder Bedingungen ausgesetzt werden, die den Zielen des ATP-Abkommens oder denen des internationalen Übereinkommens über die Harmonisierung der Grenzkontrollen von Gütern widersprechen.

4. Die Steuerung der Temperatur der betreffenden Lebensmittel muß so beschaffen sein, daß sie an keiner Stelle der Ladung zu einem Erfrieren führt.

Für weitere Informationen verweisen wir auf die Internetpräsenz des TÜV Süd sowie auf das ATP-Handbuch, das bei der United Nations Economic Commission for Europe (UNECE) unter http://www.unece.org heruntergeladen werden kann.

*Hygienevorschriften:*

1. Aufbau und Umsetzung einer "Guten Hygienepraxis"
2. Aufbau und Umsetzung eines Eigenkontrollsystems auf HACCP-Basis (Hazard Analysis and Critical Control Points)
3. Jährliche Temperaturschreiberprüfungen gem. EN 13486
4. Dokumentierte Nachweise.

Nachfolgend soll auf die Punkte 1 und 2 näher eingegangen werden. Zunächst wollen wir die Frage klären was unter einer „Guten Hygienepraxis" zu verstehen ist. Aufgrund der Rückverfolgbarkeit von Lebensmitteln vom Supermarktregal bis zum Erzeuger, z.B. einem landwirtschaftlichen Betrieb, ist es ein weiter Weg, auf dem die Lebensmittel richtig verarbeitet, gelagert, transportiert und präsentiert werden müssen, um etwaigen Gefahren, z.B. durch Verunreinigungen, Unterbrechung der Kühlkette, Kontamination usw. vorzubeugen. Dazu ist es erforderlich, daß alle Hygienevorschriften eingehalten werden. Der Transport der Nahrungsmittel ist ein essentieller Bestandteil in der Wertschöpfungskette und wird dennoch vom Verbraucher kaum wahrgenommen, außer etwa als Ärgernis auf der Autobahn.

Die gute Hygienepraxis innerhalb der gesamten Wertschöpfungskette umfasst wesentlich mehr als die bloße Fokussierung auf Reinigung und Desinfektion.

Hygiene beschäftigt sich als Teilgebiet der medizinischen Wissenschaft mit der Thematik, durch gezielte Vorbeugemaßnahmen Krankheiten zu verhindern und das Wohlbefinden der Menschen zu erhalten bzw. zu steigern. Unter Hygiene ist zu verstehen, daß alle Vorkehrungen getroffen werden, um sicherzustellen, daß unbedenkliche und sichere Lebensmittel produziert werden. Der

Transportprozeß soll nachfolgend als elementarer Bestandteil des Produktionsprozesses angesehen werden.

Um die durchgehende Hygiene zu gewährleisten, ist es erforderlich, daß alle Beteiligten der Lieferkette ein schlüssiges Hygienekonzept entwickelt und implementiert haben. Bildlich kann von einem „Haus der Hygiene“ gesprochen werden. Das Fundament dieses Hauses bilden die räumlichen und technischen Voraussetzungen für die Transport- bzw. Speditionsunternehmen. Die transportierten Güter werden oftmals von Logistikdienstleistern zwischengelagert bevor sie zum Kunden verbracht werden, was zur Folge hat, daß das Augenmerk auf die Ausstattung und den Zustand der Lagerräume, der Einrichtung und der Geräte sowie der Transportfahrzeuge gerichtet werden muß. Prozesse sind so zu steuern und zu kontrollieren, daß die Hygienevorschriften eingehalten werden. Dies bringt uns – wieder bildlich gesprochen – in das Erdgeschoß des Hauses der Hygiene. Hier ist darauf zu achten, daß die Klima- und Temperaturbedingungen den Produkten entsprechend eingehalten werden, d.h. regelmäßige Reinigungs- und Desinfektionsmaßnahmen durchgeführt werden, wozu auch die Schädlingsbekämpfung gehört. Weiterhin ist die Personalhygiene ein wichtiger Bestandteil. In diesem Zusammenhang muß darauf hingewiesen werden, daß sich das Tätigkeitsfeld des Kraftfahrers dahingehend verändert hat, daß dieser nicht mehr nur die Ware von A nach B chauffiert, sondern in den Aufträgen auch sehr oft die Be- und Entladung und teilweise sogar die Einlagerung der Ware vereinbart wird und dies durch den Fahrer zu erledigen ist. Leider ist diese Tatsache so manchem Fahrer nicht bewusst, oder sie wird verdrängt. Dieses Phänomen kann nicht klischeehaft auf einen Personenkreis aus Südosteuropa bezogen werden. Fehlende Hygiene und ungeeignete Arbeitskleidung hat der Autor bei Havarieeinsätzen bei Fahrern aus allen Nationen Europas feststellen können. Daß dies ein Resultat einer möglicherweise fehlerhaften oder auch so gewollten Disposition und dadurch bedingter wochenlanger Touren sein kann, die zu einem Leben im LKW führen, sein kann soll nicht bestritten, aber auch nicht weiter ausgeführt werden, da dann auch die Themen Vergabe an Subunternehmer,

Sozialvorschriften und Lohndumping behandelt werden müssten. Bei seinen Recherchen fand der Autor Stellengesuche von Kraftfahrern, die neben ihrer fachlichen Qualifikation und Erfahrung explizit erwähnten, daß sie keine Jogginghosen tragen und auf die persönliche tägliche Hygiene Wert legen und diese auch praktizieren. In diesem Zusammenhang ist es auch verwunderlich, daß die Eigentümer der Transportunternehmen oft nicht lenkend eingreifen, obwohl in den Fachaufträgen ein HACCP-Konzept gefordert wird. In Großbritannien hingegen ist es nicht unüblich, daß das Fahrpersonal mit Firmenuniformen ausgestattet wird. Diese Maßnahme dient mit Sicherheit nicht nur der Corporate Identity, sondern trägt auch zum Hygienebewusstsein bei.

Das Dach des Hauses der Hygiene bildet das bereits erwähnte HACCP-Konzept. Das *Hazard Analysis and Critical Control Points*-Konzept (abgekürzt: *HACCP*, deutsch: *Gefahrenanalyse und kritische Lenkungspunkte*) ist ein vorbeugendes System, das die Sicherheit von Lebensmitteln und Verbrauchern gewährleisten soll.

Das HACCP-Konzept wurde im Jahr 1959 entwickelt, als der amerikanische Konzern The Pillsbury Company von der Raumfahrtbehörde NASA beauftragt wurde, eine weltraumgeeignete Astronautennahrung herzustellen, die hundertprozentig sicher sein sollte. Pillsbury wandte die 1949 vom US-Militär für technische Anwendungen geschaffene FMEA-Methodik auf die Lebensmittelindustrie an und entwickelte dieses Präventivkonzept gemeinsam mit der NASA weiter. 1971 wurde es in den USA als HACCP-Konzept veröffentlicht. 1985 empfahl die US-amerikanische National Academy of Sciences, das Konzept anzuwenden. Daraufhin wurde es weltweit erprobt und weiterentwickelt. Der von der Ernährungs- und Landwirtschaftsorganisation der UNO (FAO) herausgegebene Codex Alimentarius empfiehlt seit 1993 ebenfalls die Anwendung des HACCP-Konzeptes.

Das HACCP-Konzept fordert:

- alle im Verantwortungsbereich eines Unternehmens vorhandenen Gefahren für die Sicherheit der Lebensmittel zu analysieren,

- die für die Sicherheit der Lebensmittel kritischen Tatbestände ( „kritische Punkte“ ) zu ermitteln,
- Eingreifgrenzen für die kritischen Lenkungspunkte festzulegen,
- Verfahren zur fortlaufenden Überwachung der kritischen Punkte einzuführen,
- Korrekturmaßnahmen für den Fall von Abweichungen von Vorschriften festzulegen,
- zu überprüfen, ob das System zur Sicherstellung der Lebensmittelsicherheit im Sinne der HACCP- Richtlinien geeignet ist, und
- alle Maßnahmen zu dokumentieren.

Im deutschen Recht wurde das HACCP-Konzept erstmals mit der Lebensmittelhygieneverordnung von 1998 verankert. Die EG-Verordnung 852/2004 sieht ebenfalls die Anwendung des HACCP-Konzeptes in allen Unternehmen, die mit der Produktion, der Verarbeitung und dem Vertrieb von Lebensmitteln beschäftigt sind, verpflichtend vor. Am 1 Januar 2006 trat das 2004 angenommene Hygienepaket der EU in Kraft. Hierin wird verordnet, daß nur noch Lebensmittel, die die HACCP-Richtlinien erfüllen, in der Union gehandelt und in die Union eingeführt werden dürfen.

Schon zuvor mußten alle Unternehmen, die Lebensmittel herstellen oder mit Lebensmitteln in irgendeiner Weise umgehen, ein HACCP-Konzept haben. Seit 2006 muß es in einer dokumentierten Version vorliegen. Bei großen Unternehmen mit vielen Gefahren und hohem Risikopotential sind ausführliche Aufzeichnungen vorgeschrieben, bei kleinen Unternehmen genügen Reinigungspläne, Verifizierungsnachweise oder Personalanweisungen [IN38].

Wie die obigen Ausführungen zeigen, sind temperaturgeführte Transporte ein komplexes Thema und weit mehr als die Verbringung von Waren von einem Ort zu anderen. Um diese Transporte fachgerecht auszuführen, ist qualifiziertes und motiviertes Personal erforderlich, das auch entsprechend entlohnt werden muß.

## 8.4 Abschließende Bemerkungen zum Thema Havariemanagement

In den vorangegangenen Abschnitten wurde kurz und bei weitem nicht erschöpfend das Tätigkeitsfeld eines Havariekommissars beschrieben. Wie sicherlich festzustellen war, wurden hier hauptsächlich temperaturgeführte Transporte behandelt insbesondere im Lebensmittelbereich.

Der umschriebene Rahmen bildet nur einen geringen Teil von ca. 10 bis 15% des notwendigen Hintergrundwissens, das für die Bearbeitung von Schadenfällen und deren Bewertung notwendig ist. Neben Lebensmitteltransporten mit all ihren Facetten bieten Transporte aller Art im Non-Food-Bereich, ob auf dem Luft-, See- oder Landweg, ein weites Betätigungsfeld, das spezielles Fachwissen von Havariemanagern erfordert. Es muß an dieser Stelle festgestellt werden, daß es in der vorliegenden Publikation leider nicht möglich ist, diesen Bereich und die zugehörigen Informationen vollumfänglich darzustellen, da sonst der Rahmen der Publikation gesprengt würde. Daher haben die Autoren die Absicht, dieses interessante Thema in naher Zukunft in einer gesonderten Publikation in der Schriftenreihe *Economy and Labour* zu behandeln. Dort sollen die bereits hier angeschnittenen Themen vertieft werden, um dem Anwender einen Praxisleitfaden für Havariemanagement an die Hand zu geben, der sowohl Hintergrundwissen bündelt als auch anhand von Praxisbeispielen die konkrete und im Sinne der KGVL® korrekte Bearbeitung von Schadenfällen aufzeigt.

Zum Abschluss sei noch angeführt, daß sich in der globalisierten Wirtschaftswelt, deren Anspruch immer stärker zur Just-in-Time-Lieferung tendiert – und das nicht nur im Non-Food-Bereich – das Schadenaufkommen ständig erhöhen wird, weil es immer häufiger vorkommt, daß Waren falsch transportiert oder zu spät oder mit beschädigter Verpackung angeliefert werden. Als Folge davon wird auch das Havariemanagement eine wachsende Bedeutung erfahren.

# 9 Zusammenfassung und Ausblick

Im vorliegenden Band der Reihe Economy and Labour *Logistikfallstudien und Risikomanagement* wird das gesamte Spektrum der Risiko-Handhabung von der Risiko-Vermeidung bis letztendlich zum Risiko-Eintritt, der Schadens-Regulierung, aus betriebswirtschaftlich systemischer Sicht behandelt. Es werden Methoden, Verfahren und Vorgehensweisen an instruktiven Fallbeispielen aufgezeigt und aus Kundenorientierter Ganzheitlicher Vernetzter Logistiksicht („KGVL-Sicht") erörtert. Von ausschlaggebender Bedeutung dabei ist insbesondere die Qualifikation der dabei beteiligten Personen, d.h.

- Fach-Kompetenz
- Methoden-Kompetenz
- Führungs-Kompetenz, die zusammen die
- Handlungs-Kompetenz ermöglichen [NB04].

Dieses Qualifikationsspektrum für Führungskräfte muß allerdings noch durch entsprechende Handlungsregularien ergänzt werden, wie z.B. der „Code of Conduct and Code of Good Practice" der British Computer Society (s. [IN36]) oder die „Preußischen Tugenden" wie etwa Unbestechlichkeit, Redlichkeit usw.

Die Autoren verweisen abschließend auf eine Vorgehensweise zur *Risikobeherrschung*, den *Codex HAMMURABI* (umfangreiche Codifizierung babylonischen Rechts durch HAMMURABI, König von Babylon 1728-1686 v.Chr.).

Durch diese Vorgehensweise ist die Risikowahrscheinlichkeit gleich Null, abgesehen von Naturkatastrophen. Dieser Codex lässt sich außer auf Fertigungs- und Produktionsbereiche selbstverständlich auch auf andere Logistikbereiche wie z.B. Material- und Personalwirtschaft, Finanzwesen usw. erfolgreich anwenden.

Eine entsprechende Passage aus dem Codex HAMMURABI (§§228-233) lautet folgendermaßen:

**W**enn ein Baumeister ein Haus baut für einen Mann und es für ihn vollendet, so soll dieser ihm als Lohn zwei Schekel Silber geben für je einen Sar (1 Schekel = 360 Weizenkörner = 9,1 g, 1 Sar = 14,88 $m^2$).

**W**enn ein Baumeister ein Haus baut für einen Mann und macht seine Konstruktion nicht stark, sodaß es einstürzt und verursacht den Tod des Bauherrn: dieser Baumeister soll getötet werden.

**W**enn der Einsturz den Tod eines Sohnes des Bauherrn verursacht, so sollen sie einen Sohn des Baumeisters töten.

**K**ommt ein Sklave des Bauherrn dabei um, so gebe der Baumeister einen Sklaven von gleichem Wert.

**W**ird beim Einsturz Eigentum zerstört, so stelle der Baumeister wieder her, was immer zerstört wurde. Weil er das Haus nicht fest genug baute, baue er es auf eigene Kosten wieder auf.

**W**enn ein Baumeister ein Haus baut und macht die Konstruktion nicht stark genug, sodaß eine Wand einstürzt, dann soll er sie auf eigene Kosten verstärkt wieder aufbauen.

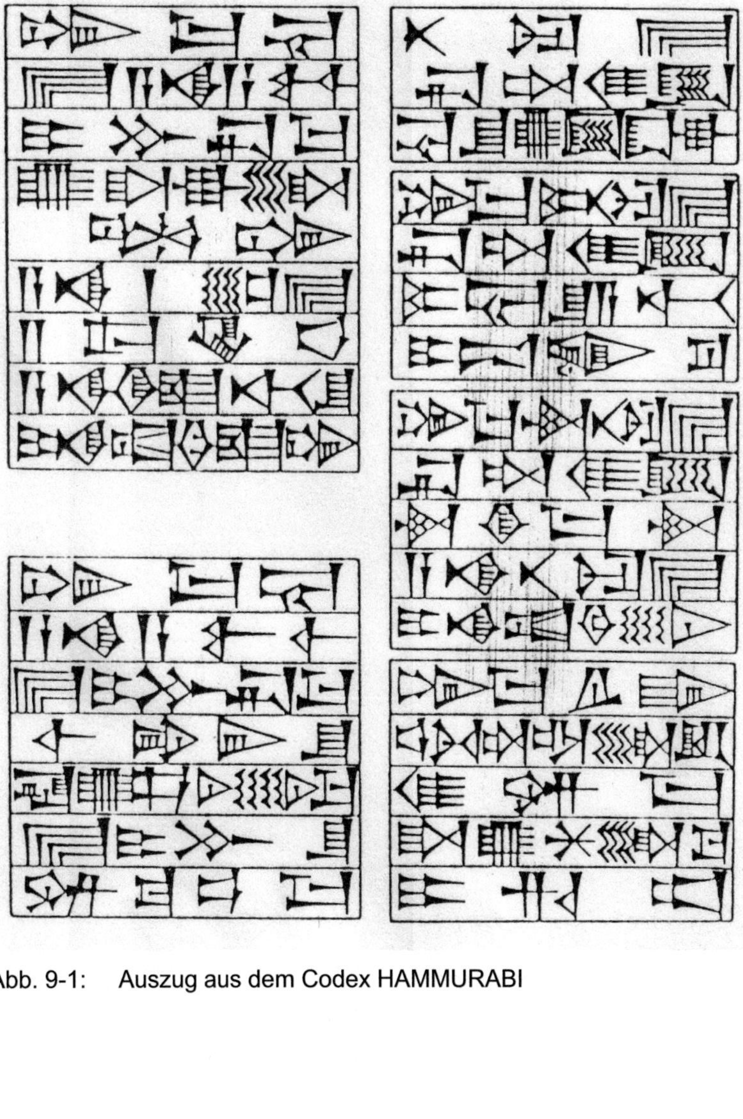

Abb. 9-1: Auszug aus dem Codex HAMMURABI

# Anhang:

## A 1: Monte- Carlo- Simulation des Jahresbedarfs

```
PROGRAM Simulation;
CONST anzSim = 100;    (* Anzahl Monte Carlo-Simulationen             *)
                       (* Anmerkung zur Aenderung des Parameters:     *)
                       (* anzSim >= 2                                 *)
      m      = 300;    (* Anzahl Tagesbedarfe fuer 1 Jahr,            *)
      z025   = 1.960;  (* Fraktile der N(0,1)- Verteilung für         *)
                       (* Alpha=2,5%     *)
      z005   = 2.576;  (* Alpha=0,5%     *)
VAR   x,               (* Nachfragemengen max. 500 Stueck             *)
p,           (* Wahrscheinlichkeiten fuer die Nachfragemengen         *)
      h, r : ARRAY[1..500] OF REAL; (* Absolute bzw. relat.           *)
                                 (* Haeufigkeiten  *)
      F    : ARRAY[0..500] OF REAL;
          (* Verteilungsfunktion = kumulierte Nachfragemengen-        *)
          (*                       wahrscheinlichkeiten               *)
      z,    (* In [0,1) gleichverteilte Zufallszahl                   *)
B,          (* Ein durch Zufallszahl ausgewaehlter Tagesbedarf        *)
Bedarf,     (* Jahresbedarf                                           *)
      Bedarfmittel, (* Mittel der Jahresbedarfe ueber die anzSim      *)
                    (* Simulationswiederholungen bei rekursiver       *)
                    (* Berechnung *)
      SS,        (* Abweichungsuadratsumme der Jahresbedarfe bei      *)
                 (* rekursiver  Berechnung *)
      SAbMitt,   (* Standardabweichung fuer Bedarfsmittel             *)
      Delta025,  (* Halbe Vertrauensintervallbreite fuer              *)
                 (* Sicherheit 95%     *)
      Delta005,  (* Sicherheit 99%                                    *)
      U95, O95,  (* Untere bzw. obere Vertrauensintervallgrenze fuer*)
                 (* das Bedarfsmittel mit Sicherheit 95%              *)
      U99, O99 : REAL; (* Vertrauensintervall fuer Sicherheit 99%    *)
      n,         (* Anzahl Tagesbedarfe                               *)
      i,         (* Laufnr. fuer Tagesbedarf, zugehoerige Wahrsch.    *)
                 (* und die Verteilungsfunktion sowie Nr. fuer        *)
                 (*durch Zufallszahl ausgewaehlten Tagesbedarf        *)
      j,         (* Laufnr. fuer Simulationswiederholung              *)
      k        : INTEGER; (* Laufnr. fuer die Tage                    *)
      gefunden : BOOLEAN; (* TRUE, wenn Intervall F[i-1]< z <= F[i]*)
                          (* gefunden ist *)
      Ein, Aus : TEXT;    (* Pascalname fuer Eingabe- bzw.            *)
                          (* Ausgabe- Datei  *)
      InDat, OutDat : STRING; (* DOS-Name fuer Eingabe- bzw.          *)
                          (* Ausgabe-Datei *)
      antwort1,
      antwort2 : CHAR;    (* J(a)/N(ein) - Antwort bei Dialog fuer *)
                          (* optionale  Ausgabe *)
      RANDOMSEED : LONGINT; (* Pascalsystemvariable zum Setzen        *)
           (* eines Ausgangswertes fuer den Zufallszahlengenerator *)
BEGIN (* Prog Simulation******************************************)
    IF anzSim < 2 THEN
    BEGIN
        WRITELN(' Warnung! Anzahl Simulat.wiederholungen anzSim = ',
              anzSim:3,' muß mindestens = 2 sein: Programmabbruch!');
        EXIT;
    END; (* then *)
    WRITE(  ' Ausgabe von Zufallszahlen und Tagesbedarfen fuer ',
       '2 Simulationwiederholungen mit je 10 Tagesbedarfen (J/N) ? ');
```

```
    READLN( antwort1 );
    WRITE( ' Ausgabe von Haeufigkeiten und Jahresbedarf (J/N) ? ');
    READLN( antwort2 );
    F[0]          := 0.0;
    BedarfMittel := 0.0;
    SS            := 0.0;
    WRITE(' Name der Eingabedatei: '); READLN( InDat );
    WRITE(' Name der Ausgabedatei: '); READLN( OutDat);
    ASSIGN( Ein, InDat ); RESET( Ein );
    ASSIGN( Aus, OutDat); REWRITE(Aus);
    READLN(Ein, n );
    FOR i := 1 TO n DO
    BEGIN
        READLN( Ein, x[i], p[i] );
        F[i] := F[i-1] + p[i];
    END; (* for i *)
    FOR j := 1 TO anzSim DO  (* j = Nr. der Simulat.wiederholung   *)
    BEGIN
        FOR i := 1 TO n DO h[i] := 0;
        Bedarf := 0.0;
        RANDOMSEED := 83*j; (* Fuer jede Simulat.wiederholung wird *)
(* Ausgangswert fuer den Zufallszahlengenerator neu gesetzt         *)
        FOR k := 1 TO m DO  (* k = Tag-Nr.                          *)
        BEGIN
            i := 1;
            z := RANDOM;
            IF z = F[0]
            THEN BEGIN
                     B      := x[1];
                     Bedarf := Bedarf + B;
                     h[1]   := h[1] + 1;
                 END (* then *)
            ELSE BEGIN
                     gefunden := FALSE;
                     REPEAT
                          IF ( F[i-1] < z ) AND ( z<= F[i] )
                          THEN BEGIN
                                   gefunden := TRUE;
                                   B        := x[i];
                                   Bedarf   := Bedarf + B;
                                   h[i]     := h[i] + 1;
                               END (* then *)
                          ELSE INC(i); (* Inkrementierung i := i+1  *)
                     UNTIL gefunden OR ( i > n );
                 END; (* else *)
            (* Optionale Ausgabe ***********************************)
            IF (( UPCASE(antwort1) ='J') AND (j <= 2) AND (k <= 10) )
            THEN BEGIN
                     WRITELN(Aus, ' Wiederholung/Jahr - Nr.= ', j:5,
                                  ' Tag-Nr.= ', k:4 );
                     WRITELN(Aus, ' Zufallszahl = ', z:7:5,
                                  ' Nachfrage-Nr. i= ',i:3,
                                  ' Tagesbedarf= ', B:7:1 );
                 END; (* then *)
        END; (* for k *)
        (* Optionale Ausgabe ***************************************)
        IF ((UPCASE(antwort2) = 'J') AND ( j = 1 ) )
        THEN BEGIN
                 FOR i := 1 TO n DO
                 BEGIN
                     r[i] := h[i] / m;
```

```
                    WRITELN(Aus, ' h[',i:3,']= ', h[i]:7:1,'  ',
                                 ' r[',i:3,']= ', r[i]:7:5 );
                END; (* for i *)
                WRITELN(Aus,' Jahresbedarf fuer 1. Simulationslauf',
                             '(j=1)= ', '  ', Bedarf:7:1 );
            END; (* then *)
        (**)
    (* Rekursive Berechnung von Mittelwert u. Abweichungsquadratsumme *)
    (* fuer den Jahresbedarf ueber die Simulationwiederholungen *******)
        (**)
        BedarfMittel := ((j - 1) * BedarfMittel + Bedarf ) / j;
        IF ( j >= 2 )
        THEN SS := SS + (1.0+1.0/(j-1)) * SQR(Bedarf-Bedarfmittel );
                                      (** SQR(x) = x * x           *)
     END; (* for j = Nr. der Simulationswiederholungen ***************)
     SAbMitt := SQRT( SS / (anzSim - 1)) / SQRT( anzSim );
            (* Standardabw. des Mittelwerts der Jahresbedarfe    *)
            (* fuer die Simulationswiederholungen ****************)
     Delta025 := z025 * SAbMitt;
     Delta005 := z005 * SAbMitt;
     U95      := BedarfMittel - Delta025;
     O95      := BedarfMittel + Delta025;
     U99      := BedarfMittel - Delta005;
     O99      := BedarfMittel + Delta005;
     WRITELN(Aus, ' BedarfMittel = ', BedarfMittel:7:1,'  ',
                  ' Standardabweichung = ', SAbMitt:9:3 );
     WRITELN(Aus,' Vertrauensintervall ( 95% ): ( ', U95:7:1,
                 ' ; ',O95:7:1,' )' );
     WRITELN(Aus,' Vertrauensintervall ( 99% ): ( ', U99:7:1,
                 ' ; ',O99:7:1,' )' );
     CLOSE( Ein );
     CLOSE( Aus );
END. (* Prog Simuation*********************************************)
```

Ergebnis:

BedarfMittel = 659.3 Standardabweichung = 1.580

Vertrauensintervall ( 95% ) : ( 656.2 ; 662.4 )

Vertrauensintervall ( 99% ) : ( 655.2 ; 663.4 )

**A 2: Zusammenhang zwischen der Exponentenfunktion L(t) der Allgemeinen WEIBULL-Verteilung und der Ausfallrate $\lambda(t)$ .**

Für die Überlebenswahrscheinlichkeit R(t) der allgemeinen WEIBULL-Verteilung gilt:

R(t) = Exp(-L(t) ), sodaß -L(t) = lnR(t),

woraus durch Ableitung nach t folgt:

$$\frac{dL(t)}{dt} = -\frac{1}{R(t)}\frac{dR(t)}{dt}.$$

Drückt man die Ableitung auf der rechten Seite unter Verwendung der Anzahl n(t) von zur Zeit t noch intakten Objekten durch einen Differenzenquotienten aus gemäß

$R(t) = \frac{n(t)}{N}$ mit N = n(0) : Zur Anfangszeit vorhandene Anzahl von Objekten

$$\frac{dR(t)}{dt} = \lim_{\Delta t \to 0}\left\{\frac{1}{N}\frac{n(t+\Delta t)-n(t)}{\Delta t}\right\},$$

dann erhält man:

$$\frac{dL(t)}{dt} = -\frac{1}{n(t)}\lim_{\Delta t \to 0}\left\{\frac{n(t+\Delta t)-n(t)}{\Delta t}\right\} = \lim_{\Delta t \to 0}\left\{\frac{n(t)-n(t+\Delta t)}{n(t)\Delta t}\right\}.$$

Dies ist die relative, d.h. auf die zur Zeit t noch intakte Anzahl von Objekten und auf die Zeitspanne bezogene Abnahme dieser Objektanzahl, d.i. die Abnahme- oder Ausfallrate $\lambda(t)$. Mit dem gefundenen Zusammenhang

$\frac{dL(t)}{dt} = \lambda(t)$ gleichbedeutend ist : $L(t) = \int_0^t \lambda(\tau)d\tau$ .

**A 3: Ausfallwahrscheinlichkeit für trogförmige Ausfallrate $\lambda(t)$.**

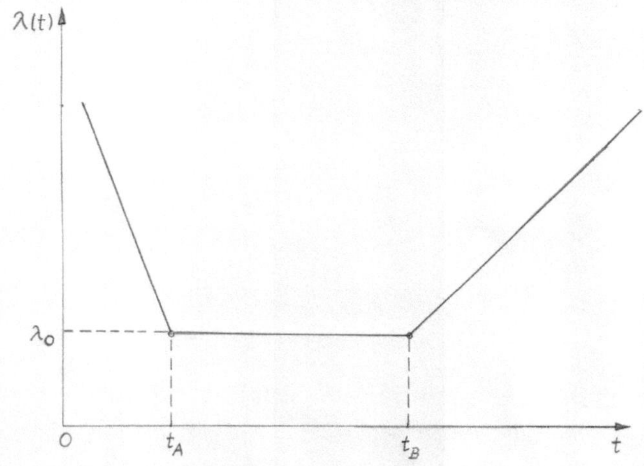


Abb. A-1: Streckenzug als Näherung der „Badewannenkurve" für die Ausfallrate λ(t)

Nähert man die „Badewannenkurve" für die Ausfallrate $\lambda(t)$ durch einen Streckenzug an gemäß Abb. A 1, d.h. durch 3 Geraden mit den durch 5 Datenwerte festgelegten beiden Punkten $(t_A,\lambda_0),(t_B,\lambda_0)$ und den Steigungen $m_A < 0$ für die Gerade an der linken Flanke durch den Punkt $(t_A,\lambda_0)$ sowie $m_B > 0$ für die Gerade an der rechten Flanke durch den Punkt $(t_B,\lambda_0)$, dann ergibt sich für die Ausfallrate $\lambda(t)$ die folgende stückweise lineare Funktion mit trogförmigem Graphen:

$$\lambda(t) = \lambda_0 + m_A(t - t_A), 0 \le t \le t_A$$
$$\lambda(t) = \lambda_0, t_A \le t \le t_B$$
$$\lambda(t) = \lambda_0 + m_B(t - t_B), t \ge t_B.$$

Die Ausfallwahrscheinlichkeit erhält man aus der allgemeinen WEIBULL-Verteilung gemäß

F(t) = 1 – Exp( -L(t) ) mit

$$L(t) = \int_0^t \lambda(\tau)d\tau;$$

$$L(t) = \lambda_0 t + (-m_A)t(t_A - \frac{1}{2}t), 0 \le t \le t_A$$

$$L(t) = L(t_A) + \lambda_0(t - t_A), t_A \le t \le t_B$$

$$L(t) = L(t_B) + \lambda_0(t - t_B) + \frac{m_B}{2}(t - t_B)^2;$$

$$L(t) = \lambda_0 t + (-m_A)t(t_A - t), (m_A < 0); 0 \le t \le t_A$$

$$L(t) = \lambda_0 t + (-\frac{m_A}{2})t_A^2; t_A \le t \le t_B$$

$$L(t) = \lambda_0 t + (-\frac{m_A}{2})t_A^2 + \frac{m_B}{2}(t - t_B)^2, (m_B > 0); t \ge t_B.$$

Dies ist eine am Anfang und am Ende parabelförmig ( nach unten bzw. oben geöffnet ) und dazwischen linear ansteigend verlaufende Exponentenfunktion. Ein anderer Weg zur Gewinnung der Ausfallwahrscheinlichkeit (Verteilungsfunktion) F(t), t >= 0 für den Fall der Ausfallrate in Form der Badewannenkurve besteht in der stückweisen Zusammensetzung der Funktion F(t) aus 3 Standard-WEIBULL-Verteilungsfunktionen gemäß:

$$F(t) = F_1(t), 0 \le t \le t_A$$
$$F(t) = F_2(t), t_A \le t \le t_B$$
$$F(t) = F_3(t), t \ge t_B;$$
$$F_i(t) = 1 - Exp(-L_i(t)), i = 1,2,3$$

mit

$$L_1(t) = \left(\frac{t}{T_1}\right)^{b_1}, 0 < b_1 < 1, 0 \le t \le t_A$$ für Standard-WEIBULL-Verteilung

in Frühphase I mit abfallender Ausfallrate;

$$L_2(t) = \left(\frac{t}{T_2}\right)^{b_2}, b_2 = 1, t_A \le t \le t_B$$ für Standard-WEIBULL-Verteilung in

Zufallsphase II mit konstanter Ausfallrate;

$L_3(t) = \left(\frac{t}{T_3}\right)^{b_3}, b_3 > 1, t \geq t_B$ für Standard-WEIBULL-Verteilung in Verschleißphase III mit ansteigender Ausfallrate.

Gemäß der in Abschnitt 7.3.2 skizzierten Vorgehensweise zur Schätzung der Parameter $b_i, T_i$ mit Hilfe einer Meßreihe bzw. Schätzwerten für die Ausfallwahrscheinlichkeit F(t) für entsprechende Zeitpunkte t erhält man durch zweimaliges Logarithmieren für jeden der drei Abschnitte einen linearen Zusammenhang (s. Abb. A 2):

$$y_i(t) = \ln\left(\ln\frac{1}{1-F_i(t)}\right) = b_i \ln t - b_i \ln T_i \Rightarrow$$

$$y_i(x) = b_i x + c_i; x := \ln t; c_i := -b_i \ln T_i.$$

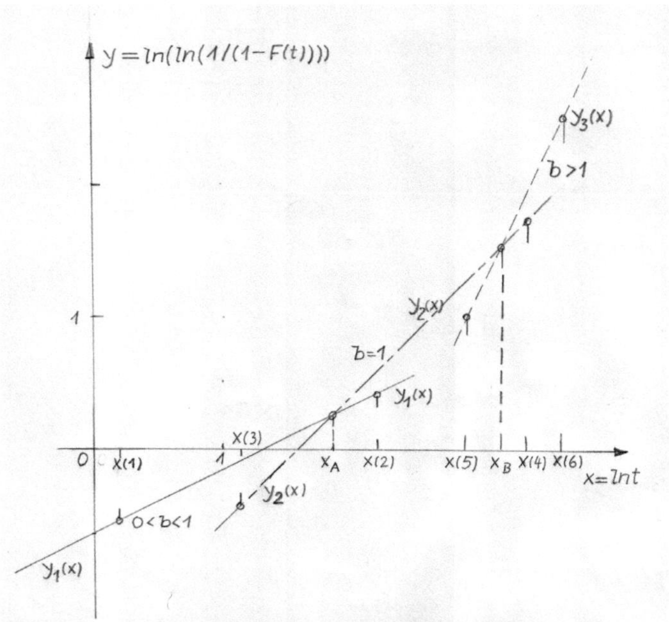


Abb. A-2: Stückweise linearer Zusammenhang zwischen den transformierten Ausfallwahrscheinlichkeiten für die 3 aneinander gefügten Standard-WEIBULL-Verteilungen und der logarithmierten Zeit für die Verteilungsfunktion bei trogförmiger Ausfallrate

Demnach gilt

in der Frühphase I : $y_1(x) = b_1 x + c_1 ; x(1) \le x \le x(2)$

in der Zufallsphase II : $y_2(x) = b_2 x + c_2 = x + c_2 ; x(3) \le x \le x(4)$

in der Verschleißphase III : $y_3(x) = b_3 x + c_3 ; x(5) \le x \le x(6)$ .

Mit geeignet (z.B. per Augenschein) aus dem Graphen für die aus den Meßwerten bzw. Schätzwerten für die Ausfallwahrscheinlichkeiten gewonnenen Punkte

$$\left( x_k = \ln t_k ; y_i(t_k) = \ln \ln\left(\frac{1}{1-F(t_k)}\right) \right)$$ , k = 1,2,…,M=Anzahl Messwerte

festgelegten Werten x(1),…, x(6) zur vorläufigen Eingrenzung der 3 Phasen (Frühphase I, Zufallsphase II, Verschleißphase III) kann mit Hilfe dieser Punkte für jede Phase eine Regressionsgerade bestimmt werden.

Für die Schätzwerte der beiden Parameter Steigung b und y-Achsenabschnitt c der Regressionsgeraden gilt:

$$b = r\frac{s_y}{s_x} = \frac{c_{xy}}{s_x^2} ; c = \overline{y} - b\overline{x}$$ ,wobei

$$\overline{x} = \frac{1}{M}\sum_{k=1}^{M} x_k , Mittelwert$$

$$s_x^2 = \frac{1}{M}\sum_{k=1}^{M} (x_k - \overline{x})^2 , Varianz$$

$$c_{xy} = \frac{1}{M}\sum_{k=1}^{M} (x_k - \overline{x})(y_k - \overline{y}), Kovarianz.$$

Damit lassen sich die Parameter

$$b_1, c_1 \Rightarrow T_1 = Exp\left(-\frac{c_1}{b_1}\right) ; c_2 \Rightarrow T_2 = Exp\left(-c_2\right) ; b_3, c_3 \Rightarrow T_3 = Exp\left(-\frac{c_3}{b_3}\right)$$

schätzen.

Um die Verteilungsfunktionen $F_1(t)$ und $F_2(t)$ sowie $F_2(t)$ und $F_3(t)$ an den Zeitpunkten $t_A$ bzw. $t_B$, die die Phasen I (Frühphase) und II (Zufallsphase) bzw. II und III (Verschleißphase) trennen, stetig, d.h. ohne Sprünge in der Verteilungsfunktion F(t) aneinanderzufügen, sind die Schnittstellen $x_A$ und $x_B$ der Regressionsgeraden $y_1(x)$ mit $y_2(x)$ bzw. $y_2(x)$ mit $y_3(x)$ zu bestimmen:

$$y_1(x_A) = y_2(x_A) \Rightarrow x_A = \frac{c_1 - c_2}{b_2 - b_1} = \frac{c_1 - c_2}{1 - b_1}, t_A = Exp\left(x_A\right);$$

$$y_2(x_B) = y_3(x_B) \Rightarrow x_B = \frac{c_2 - c_3}{b_3 - b_2} = \frac{c_2 - c_3}{b_3 - 1}, t_B = Exp\left(x_B\right).$$

## A 4: Beispiele für Gesamtkostenverläufe mit zwei gegenläufigen Teilkostenverläufen

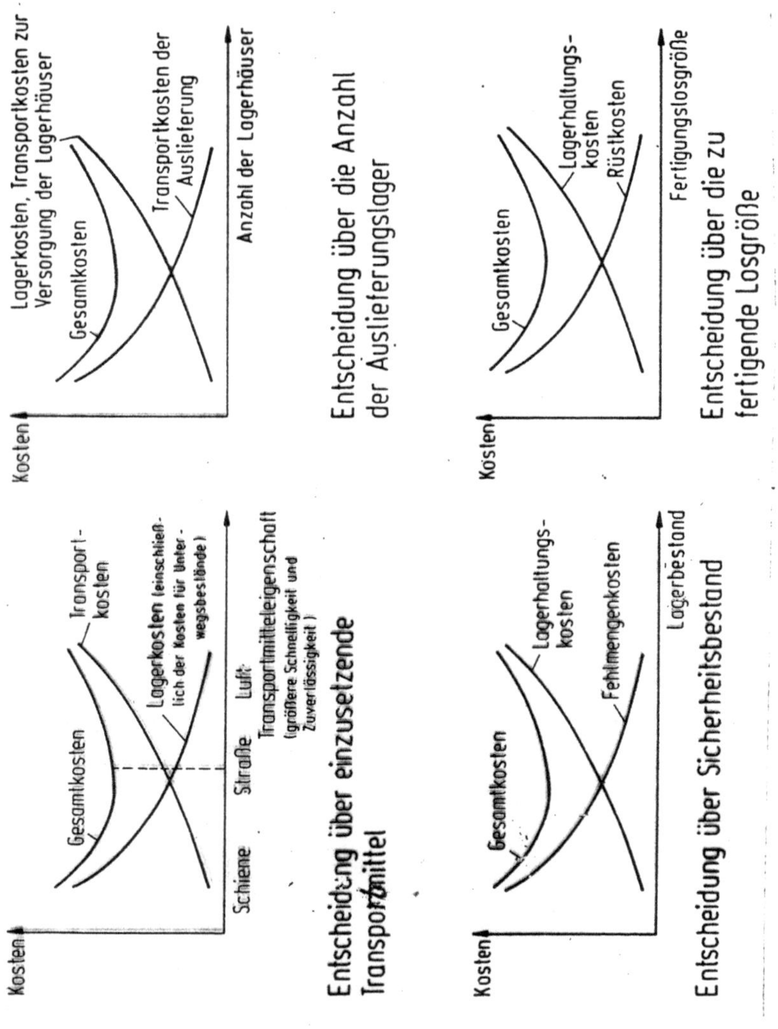


Abb. A-3: Gesamtkostenverläufe

## A 5: Sensitivitätsanalysen für die Optimalwerte der ANDLER-Formel

*Sensitivität der Minimalkosten bezüglich Mengenänderungen:*

Mit der Kostenfunktion: $K(x)=c_1x+\frac{c_2}{x}; \quad c_1:=\frac{1}{2}pq, \quad c_2:=Bk_f$

und den beiden Optimalwerten: $x_0=\sqrt{\frac{c_2}{c_1}}, \quad K_0:=K(x_0)=2\sqrt{c_1c_2}=2c_1x_0$

erhält man für die Optimalmengenänderung:

$\Delta x:=(1+a)x_0-x_0=ax_0 \Rightarrow \frac{\Delta x}{x_0}=a$ : (relative (prozent.) Optimalmengenänderung)

die folgende Optimalkostenänderung:

$$\Delta K:=K(x_0+\Delta x)-K(x_0)=K((1+a)x_0)-K_0 \Rightarrow$$

$$b:=\frac{\Delta K}{K_0}=\frac{K((1+a)x_0)}{K_0}-1=\frac{1}{K_0}\left(c_1(1+a)x_0+\frac{c_2}{(1+a)x_0}\right)-1$$

$$b=\frac{1+a}{2}+\frac{c_2}{1+a}\frac{1}{2c_1x_0^2}-1=\frac{a-1}{2}+\frac{1}{2}\frac{1}{a+1}$$

$b=\frac{1}{2}\frac{a^2}{1+a}$ : relative (prozentuale) Optimalkostenänderung.

Zahlenbeispiel:

$$a=\frac{\Delta x}{x_0}=0{,}1=10\% \Rightarrow b=\frac{\Delta K}{K_0}=\frac{0{,}5}{1{,}1}0{,}01=\frac{1}{220}=0{,}46\%$$

$$a=-10\% \Rightarrow b=\frac{0{,}5}{0{,}9}0{,}01=\frac{1}{180}=0{,}56\%.$$

Hohe Mengenänderungen von $\pm 10\%$ verursachen nur geringe Kostenänderungen von ca. $\frac{1}{2}\%$. Der Grund hierfür liegt darin, daß der Graph der Gesamtkostenfunktion K(x) in der Umgebung des Kostenminimums sehr flach verläuft (s. Abb. 7-5).

*Sensitivität bezüglich der Parameter* $B, k_f, p, q$ :

Für die optimale Bestellmenge $x_0 = \sqrt{\frac{2Bk_f}{pq}}$ lautet das totale Differential:

$$. \, dx_0 = \frac{\partial x_0}{\partial B} dB + \frac{\partial x_0}{\partial k_f} dk_f + \frac{\partial x_0}{\partial p} dp + \frac{\partial x_0}{\partial q} dq \, .$$

Für hinreichend kleine Parameteränderungen :

$$dB = \Delta B \ , \quad dk_f = \Delta k_f \ , \quad dp = \Delta p \ , \quad dq = \Delta q$$

ist das totale Differential eine Näherung für die Funktionsdifferenz:

$$\Delta x_0 := x_0(B + \Delta B, k_f + \Delta k_f, p + \Delta p, q + \Delta q) - x_0(B, k_f, p, q) \, .$$

Somit gilt:

$$\Delta x_0 \approx dx_0 = \sqrt{\frac{2k_f}{pq}} \frac{1}{2\sqrt{B}} \Delta B + \sqrt{\frac{2B}{pq}} \frac{1}{2\sqrt{k_f}} \Delta k_f - \frac{1}{2}\sqrt{\frac{2Bk_f}{q}} \frac{1}{p\sqrt{p}} \Delta p - \frac{1}{2}\sqrt{\frac{2Bk_f}{p}} \frac{1}{q\sqrt{q}} \Delta q$$

$$\Delta x_0 \approx \sqrt{\frac{Bk_f}{2pq}} \left( \frac{\Delta B}{B} + \frac{\Delta k_f}{k_f} - \frac{\Delta p}{p} - \frac{\Delta q}{q} \right) = \frac{x_0}{2} \left( \frac{\Delta B}{B} + \frac{\Delta k_f}{k_f} - \frac{\Delta p}{p} - \frac{\Delta q}{q} \right) \Rightarrow$$

Relative (prozentuale) Änderung der optimalen Bestellmenge:

$$\frac{\Delta x_0}{x_0} \approx \frac{1}{2} \left( \frac{\Delta B}{B} + \frac{\Delta k_f}{k_f} - \frac{\Delta p}{p} - \frac{\Delta q}{q} \right) \, .$$

Analog gilt für die Änderung der minimalen Gesamtkosten $K_0 = \sqrt{2Bk_f pq}$ :

$$\Delta K_0 \approx dK_0 = \frac{\partial K_0}{\partial B} dB + \frac{\partial K_0}{\partial k_f} dk_f + \frac{\partial K_0}{\partial p} dp + \frac{\partial K_0}{\partial q} dq$$

$$\Delta K_0 \approx \sqrt{2k_f pq} \frac{1}{2\sqrt{B}} \Delta B + \sqrt{2Bpq} \frac{1}{2\sqrt{k_f}} \Delta k_f + \sqrt{2Bk_f q} \frac{1}{2\sqrt{p}} \Delta p + \sqrt{2Bk_f p} \frac{1}{2\sqrt{q}} \Delta q$$

$$\Delta K_0 \approx \frac{1}{2}\sqrt{2Bk_f pq} \left( \frac{\Delta B}{B} + \frac{\Delta k_f}{k_f} + \frac{\Delta p}{p} + \frac{\Delta q}{q} \right) = \frac{1}{2} K_0 \left( \frac{\Delta B}{B} + \frac{\Delta k_f}{k_f} + \frac{\Delta p}{p} + \frac{\Delta q}{q} \right).$$

Somit ergibt sich für die relative (prozentuale) Änderung der minimalen Gesamtkosten:

$$\frac{\Delta K_0}{K_0} \approx \frac{1}{2}\left(\frac{\Delta B}{B} + \frac{\Delta k_f}{k_f} + \frac{\Delta p}{p} + \frac{\Delta q}{q}\right)$$ : halbe Summe der relativen (prozent.)

Parameteränderungen.

**Literatur- und Quellenverzeichnis:**


**[Ad]** **Adam, D.:** „Investitionscontrolling“, München/Wien, (Oldenbourg Wissenschaftsverlag), 2. Auflage

**[AS65]** **Abramowitz, M., Stegun, I. A. (Hrsg.):** Handbook of Mathematical Functions. Dover Publications, Inc., New York, 1965, S. 253ff.

**[Ba]** **Baumgarten, H.** u.a. (Hg.): Logistikmanagement, 2. Auflage

**[Ba01]** **Baumgarten, H.:** Logistik im E-Zeitalter, Frankfurter Allgemeine Buch, 2001

**[BL85]** **Bichler K./ Lörsch, W.:** Optimale Bestandsplanung im Handel, Verlag W. Kohlhammer 1985, Stuttgart Berlin Köln Mainz

**[Bo]** **Bortfeldt, A.:** „Planen, Lernen, Optimieren“. Fernuniversität Hagen

**[BS99]** **Braun, F. / Gänger, M.-L. / Schmid, P.:** „Risikomanagement in Versicherungsgesellschaften“, in: Das Kontroll- und Transparenzgesetz - Herausforderungen und Chancen für das Risikomanagement, Saitz, Bernd / Braun, Frank (Hrsg.), Gabler – Verlag, Wiesbaden 1999

**[Br98]** **Bruch, H.:** Outsourcing: Konzepte und Strategien, Chancen und Risiken, Gabler Verlag, Wiesbaden 1998

**[BHS97]** **Bullnheimer/ Hartl/ Strauss:** An improved ant system algorithm for the vehicle routing problem (VRP), veröffentlicht unter: http://www.bwl.univie.ac.at/bwl/prod/papers/pom-wp-10-97.ps Universität Wien, Fachbereich Management Science, 1997

**[CG99]** **Cateora, Ph./ Graham, J.:** International Marketing, 10. Auflage, Irwin/ Mcgraw-Hill Verlag, Boston 1999

**[DS99]** **Dorigo/ Stützle:** ACO Algorithms for the Traveling Salesman Problem, http://dsp.jpl.nasa.gov/members/payman/swarm/stutzle99-eaecs.pdf, Universität Brüssel, 1999

**[DD00]** **Dörner, D. / Doleczik, G.:** Prüfung des Risikomanagements, in: Dörner, Dietrich / Horváth, P. / Kagermann, Henning (Hrsg.): Praxis des Risikomanagements – Grundlagen Kategorien, branchenspezifische und strukturelle Aspekte, Schäfer – Poeschel Verlag, Stuttgart, 2000

**[Dp04]** **Dpa**: Management sorgt für Frust, Gallup: Nur zwölf Prozent der Deutschen im Job engagiert und zufrieden, Mittelbayerische Zeitung, April 2004.

**[Due]** **Dueck, G.**: Homepage von Gunter Dueck; Adresse: www.omnisophie.com

**[Dpa04]** **Dpa/gms:** Null Bock im Büro, Mangelnde Motivation ist kein Schicksal, Mittelbayerische Zeitung, April 2004.

**[Ei03]** **Eichinger, P.**: Produkt Life Management, Aufsatz 2003.

**[FH08]** **Foster, F. A., Huband, J. M. :** Applying Weibull Distribution to a Discrete Event Simulation – A Study in Reliability Analysis. Society of Logistics, Vol. 42 (3),July-September 2008, ISSN 0024-5852, S. 27-34.

**[Ge86]** **Geiger, W.**: Qualitätslehre, Vieweg Verlag, Braunschweig, 1986

**[Gei84]** **Geitner, U.W.**: Integrierte Unternehmensplanung durch Simulation, 1984

**[GEK]** **Greb, T./ Erkens, E./ Kopfer, H.**: Naturadaptive Ansätze zur Lösung betrieblicher Optimierungsprobleme, WISU --> Zeitschrift für Ausbildung Examen und Weiterbildung, Lange Verlag GmbH & Co. KG, Düsseldorf.

**[GHS66]** **Graf, Henning, Stange:** Formeln und Tabellen der mathematischen Statistik. Springer-Verlag, Berlin, Heidelberg, New York, 1966, 2. Aufl., S. 21, 278ff.

**[GKK04]** **Gerdes,I. Klawonn,F.,Kruse,R.:** Evoluionäre Algorithmen. Vieweg-Verlag, 2004, ISBN 3-528-05570-7.

**[Gu99]** **Gudehus, T.:** Logistik, 1999

**[Ha86]** **Haller:** Risikomanagement - Eckpunkte eines integrierten Konzepts, in: Jacob (Hrsg.), Risiko – Management, Band 33 der Schriftenreihe zur Unternehmensführung, Wiesbaden, 1986

**[HK00]** **Hahn, D. / Krystek, U.:** Risiko – Management, in: Gabler Wirtschaftslexikon, Hadeler, T. / Winter, E. (Schriftleitung) und Hadeler, T. / Arentzen, U. (Redaktion), Gabler - Verlag, Wiesbaden, 2000, 15. Auflage

[HM97] **Hauschild, R.J./ Mansch, A.**: Erfahrungen aus der Bestandsaufnahme einer Auswahl von Outsourcingfällen für Logistik- Leistungen, aus: Berichte aus dem Weltwirtschaftlichen Colloquium der Universität Bremen, Nr.53, Bremen, 1997.

[Ho68] **Horrigan, W.**: Risk Management, in: The Review, 1968

[Ja02] **Jacobsen, V.**: Anwendung und Vergleich von Optimierungsmethoden in der Produktionsplanung, unveröffentlichte Diplomarbeit, FH Regensburg, Fachbereich Mathematik, 2002.

[Jak04] **Jakobi, R.**: Ganzheitliches Logistikmanagement, Reihe: Economy and Labour, Bd. 4, Josef Eul Verlag GmbH, Lohmar-Köln, 2004. ISBN 3-89936-194-6

[Ki99] **Kiener, S.**: Produktions-Management:Grundlagen der Produktionsplanung und-steuerung, 6. Auflage, Oldenbourg Verlag, München 1999

[Kl98] **Kless:** Beherrschung der Unternehmerrisiken: Aufgaben und Prozesse eines Risikomanagements, in: DstR 1998

[KL98] **Kromschröder, Lück,** für den Arbeitskreis „Externe und Interne Überwachung der Unternehmung“ der Schmalenbach-Gesellschaft für Betriebswirtschaft e.V.: „Grundsätze risikoorientierter Unternehmensüberwachung“, Zeitschrift „Der Betrieb“,1998

[Kr97] **Kraft, G.**: Logistik ist…, Aufsatz von 1997, update 2004

[Ku98] **Kuhn, A.**: Simulation in Produktion und Logistik, 1998

[LAT02] **Langley, Jr. C. J., Allen, G. R., Tyndall, G.R.**: Third- Party Logistics Study- Results and Findings of the 2002 Seventh Annual Study, 2002.

[Li86] **Lindeiner-Wildau, K.**: Risiken und Risiko-Management im Anlagebau, in: Zeitschrift für betriebswirtschaftliche Forschung, Funk, J. , Lassmann, G., Langfristiges Anlagegeschäft-Risiko-Management und Controlling, Sonderheft Nr.20, Düsseldorf 1986

[MD93] **Manz, K. , Dahmen, A.**: Investition, München, 1993

[Ma88] **Masing, W.**: Handbuch der Qualitätssicherung, Carl Hanser Verlag, München-Wien, 1988, 2.Auflage

[Mi99] **Michalewicz, Z.:** Genetic Algorithms+Data Structures=Evolution Programs. Springer Verlag Berlin, Heidelberg, New York, 1999, 3. Aufl., ISBN 3-540-60676-9.

[MF00] **Michalewicz, Z., Fogel, D. B.:** How to Solve It: Modern Heuristics. Springer Verlag, 2000, 2. Aufl. ISBN 3-540-66061-5.

[Mü99] **Mühlbradt, F. W.:** Wirtschaftslexikon – Daten, Fakten und Zusammenhänge, Berlin,1999, 6. Aufl.

[No91] **Nollau, H.-Gg.:** Die Integration der Zeitreihenanalyse in Management- Entscheidungssysteme unter Berücksichtigung software- ergonomischer Entwurfs- und Bewertungskriterien. In: Goebel, H., Schader, M. (Hrsg.): Datenanalyse, Klassifikation und Informationsverarbeitung. Physika- Verlag, Heidelberg, 1991, S. 231-239. ISBN 3-7908-0612-9.

[NH00] **Nollau, H.-Gg.; Hauser, T.:** Geschäftsprozeßoptimierung in der Beschaffungslogistik eines mittelständischen Unternehmens. Schriftenreihe: KGVL®, Band 2. RKW- Verlag, Eschborn, 2000.

[No01] **Nollau, H.-Gg.:** Grundlagen der Kundenorientierten Ganzheitlichen Vernetzten Logistik (KGVL®), RKW-Verlag, Eschborn, 2001.

[NB04] **Nollau, H.-Gg., Bucher, M.:** Geschäftsprozeßoptimierung im Mittelstand. Reihe: Economy and Labour, Bd.5, Eul Verlag, Lohmar- Köln, 2004. ISBN 3-89936-222-5.

[He06] **Heerd, A.:** Beschaffungslogistik in Beispielen. Reihe: Economy and Labour, Bd. 11, Eul Verlag, Lohmar- Köln, 2006. ISBN- 13: 978-3-89936-532-1.

[NMW08] **Nollau, H.-Gg., März, S., Wolf,A.:** Prozeßsimulation mit der Software DOSIMIS. Reihe: Economy and Labour, Bd. 13, Eul Verlag, Lohmar- Köln, 2008. ISBN 978-3-89936-717-1.

[NG09] **Nollau, H.-Gg., Gottfried, U.:** Entscheidungskompetenz durch Anwendung der Vektor- Nutzwertanalyse. Reihe: Economy and Labour, Bd. 14, Eul Verlag, Lohmar- Köln, 2009. ISBN 978-3-89936-761-4.

[Pa91] **Page, B.:** Diskrete Simulation. Eine Einführung mit Modula-2. Berlin, 1991.

[Pr99] **Pritzer, B.:** Risikomanagement als wettbewerbliche Notwendigkeit. In : Saitz, B., Braun, F. (Hrsg.): Das Kontroll- und Transparenzgesetz – Herausforderungen und Chancen für das Risikomanagement. Gabler – Verlag, Wiesbaden, 1999.

[Ra98] **Raabe, M. u.a. (Hg.):** Simulation in Produktion und Logistik, Fallbeispielsammlung. Berlin , 1998.

[RF03] **Romeike, Finke:** Erfolgsfaktor Risiko-Management. Berlin 2003, CD-ROM

[SB99] **Saitz, B., Braun, F.:** Das Kontroll- und Transparenzgesetz Herausforderungen und Chancen für das Risikomanagement. Gabler – Verlag, Wiesbaden, 1999.

[ST98] **Schäfer- Kunz, J., Tewald, C.:** Make-or-Buy-Entscheidungen in der Logistik. Deutscher Universitätsverlag GmbH, Wiesbaden, 1998.

[SL96] **Scharpf, P., Luz, G.:** Risikomanagement, Bilanzierung und Aufsicht von Finanzderivaten. Stuttgart ,1996.

[SH97] **Schierenbeck, Henner:** Ertragsorientiertes Bankmanagement, Bd. 2: Risiko-Contolling und Bilanzstrukturmanagement. 5.Aufl., Wiesbaden, 1997.

[Sch03] **Schonert, T.:** Einsatz evolutionärer Algorithmen zur Optimierung der Tourenplanung eines Wachschutzunternehmens. Diplomarbeit an der Fachhochschule Brandenburg, 2003.

[Ta08] **Taleb, N. N.:** The Fourth Quadrant: A Map of the Limits of Statistics. Internetadresse: http://www.edge.org/3rd_culture/taleb08/taleb08_index.html

[TM00] **Tietjen, T., Müller, D.- H.:** FMEA-Praxis. Carl Hanser Verlag, München, 2000.

VDI95] Kommissionieren in Industrie und Handel, VDI Berichte 1206, VDI-Verlag GmbH , Düsseldorf 1995, Seite 73 ff.

[Wa00] **Wagner, F.:** Risk Management im Erstversicherungsunternehmen. Verlag Versicherungswirtschaft, Karlsruhe, 2000.

[We97] **Weitekamp:** Chancen -/Risikomanagement als Führungsaufgabe aus Sicht der Internen Revision. In: Versicherungswirtschaft, 1997.

[Wei51] **Weibull, W.:** A Statistical Distribution Function of Wide Applicability. ASME Journal of Applied Mechanics, Transactions of the American Society of Mechanical Engineers, Sept. 1951, S. 293-297.
Diskussion hierzu in: ASME Journal of Applied Mechanics, June 1952, S. 233f.
Behandlung von „Problem Nr. 1“ : 10 Seiten im Internet unter Adresse: http://www.barringer1.com/aug01prb.htm
Titel: Problem of the Month August 2001 – Weibull Problem #1 For Steel Yield Strength.
Behandlung von „Problem Nr. 2“ : 7 Seiten im Internet unter Adresse: http://www.barringer1.com/sep01prb.htm
Titel: Problem of the Month September 2001 – Weibull Problem #2 For Size Distribution of Fly Ash.

[Wei59] **Weibull, W.:** Statistical Evaluation of Data From Fatigue and Creep Rupture Tests. Part I: Fundamental Concepts and General Methods. Wright Air Development Center Technical Report 59 – 400, Sept. 1959.

[Wei67] **Weibull, W.:** Estimation of Distribution Parameters by a Combination of the Best Linear Order Statistic Method and Maximum Likelyhood. AML-TR-67-105, AF 61 (052)-522, March 1967.

[Wi93] **Wieandt, P.:** Riskmanagement bei Finanzinstituten. In: Zeitschrift für das gesamte Kreditwesen, 46, Jahrgang 1993.

[Wiss99] **Wisskirchen, F.:** Outsourcing- Projekte erfolgreich realisieren. Schäffer-Poeschel Verlag, Stuttgart, 1999.

[Wit00] **Wittmann, E.:** Risikomanagement im internationalen Konzern. In: Dörner, D., Horváth, P., Kagermann, H. (Hrsg.): Praxis des Risikomanagements - Grundlagen Kategorien, branchenspezifische und strukturelle Aspekte. Schäfer – Poeschel Verlag, Stuttgart, 2000.

[Wö96] **Wöhe, G.:** Einführung in die allgemeine Betriebswirtschaftslehre. Verlag Franz Vahlen, München, 19. Aufl., 1996.

[WR01] **Wolf, K., Runzheimer, B.:** Risikomanagement und Kontra Konzeption und Implementierung. Gabler – Verlag, Wiesbaden, 3. Aufl., 2001.

[ZHS96] **Zahn, E., Hertweck, A., Soehnle, K.:** Auswirkungen des Outsourcing von Dienstleistungen in der Region Stuttgart, 1996.

[Zei04] **Zeitschrift „FM“**, Ausgabe 4/2004: Logistik-Outsourcing.

[Ztran05] **Zeitschrift „transaktuell“,** Ausgabe 21/2005

**Internet:**

**[IN1]** www.4managers.de

**[IN2]**

www.accenture.de/index2.html?keywords=vom+schreckgespenst+zum+allheilmittel

**[IN3]** www.cals-forum.de/downloads/plm.pdf

**[IN4]**

www.bkk.de/bkk/pressemitteilungen/powerslave,id,46,nodeid,15,ps_lo,80.html

**[IN5]** www.ctr.at

**[IN6]** www.e-teaching.org

**[IN7]**

www.files.hanser.de/files/docs/20040401_2445154312_29101_3-446-22322 3.pdf

**[IN8]** www.fraunhofer-institut.de

**[IN9]** www.go4sim.com

**[IN10]** www.grey.de/presse/zeige_presseartikel.asp?ID=172

**[IN11]** www.handelsblatt.com

**[IN12]** www.handelsverband.at/hvmagazin/Hv102.pdf

**[IN13]** www.hhd.de/HHD/HHD1024x768/hhd.htm

**[IN14]** www.hoyer-group.com/hoyerdeutsch/html/1299_7.html

**[IN15]** www.iconomy-online.de/main.php?act=news&id=157&rub=9 &orub=4

**[IN16]**

www.ifi.unizh.ch/ikm/Vorlesungen/IM3/WS0203//M3_files/4outsourcing.pdf

**[IN17]** www.iop.unibe.ch

**[IN18]** www.logistik-inside.de

**[IN19]** www.logistk.uni- bremen.de/lehre/ws2001/heuristischeverfahren.htm

**[IN20]** www.lutumtappert.de/

**[IN21]** www.profactor.at

**[IN22]** www.ptv.de/cgi-bin/logistics/logistics.pl

**[IN23]** www.qmplus.de/qm-produktion/qualitaetsmanagement/tqm/B3-05.gif

**[IN24]** www.rechnungswesen-office.de/inhalt/hro_nutzwertanalyse.html

**[IN25]** www.risknet.de

**[IN26]** www.sdz.de
Homepage der SimulationsDienstleistungZentrum GmbH (SDZ) mit Inhalt: Unternehmensporträt, Dienstleistungen, Aktuelles, Produkte (u.a. DOSIMIS-3), Informationsmaterial und Kontakt-Adresse.

**[IN27]** www.simplan.de

**[IN28]** www.spl.asim-gi.org

**[IN29]** www.sueddeutsche.de/automobil/artikel/61/32029/

**[IN30]** www.tabusearch.net/Tabu_Search/Transport_Routing

**[IN31]**
www.transportlogistic.de/presse/cp_service_presseinformation_15.htm

**[IN32]** www.wir.fh-bonn-rhein-sieg.de/broschuere_outsourcing_acc.pdf

**[IN33]**
www.wu-wien.ac.at/inst/handel/downloads/logistikimhandel-einheit2+3.pdf

**[IN34]** www.10.hrz.zu-darmstadt.de/bwl13/forsch/projekte/tabu/paper.htm

**[IN35]** http://www.mathpages.com/home/kmath122/kmath122.htm
Titel: Weibull Analysis. ( 8 Seiten )

**[IN36]** www.bcs.org
Internetseite der British Computer Society ( BCS )

**[IN37]** www.kennzeichnungsrecht.de/

**[IN38]** www.wikipedia.de

# ECONOMY AND LABOUR

Herausgegeben von EUR ING Prof. Dr.-Ing. Hans-Georg Nollau FBCS, Roßdorf

Band 9
Eva Nollau
**Ein Unternehmensmodell zur ganzheitlichen Gesundheitsberatung**
Lohmar – Köln 2006 • 214 S. • € 45,- (D) • ISBN 3-89936-459-7

Band 10
Andreas Tiemann
**Internetbasiertes Projektmanagement am Beispiel des Bauwesens**
Lohmar – Köln 2006 • 212 S. • € 45,- (D)
ISBN-13: 978-3-89936-504-7 • ISBN-10: 3-89936-504-6

Band 11
Amelie Heerd
**Beschaffungslogistik in Beispielen**
Lohmar – Köln 2006 • 134 S. • € 38,- (D)
ISBN-13: 978-3-89936-532-1 • ISBN-10: 3-89936-532-0

Band 12
Hans-Georg Nollau, Matthias Neumeier und Emilio Sabatino
**Dokumentenmanagement in der Logistik**
Lohmar – Köln 2006 • 200 S. • € 44,- (D)
ISBN-13: 978-3-89936-533-7 • ISBN-10: 3-89936-533-X

Band 13
Hans-Georg Nollau, Stefan März und Andreas Wolf
**Prozesssimulation mit der Software DOSIMIS**
Lohmar – Köln 2008 • 210 S. • € 55,- (D) • ISBN 978-3-89936-717-1

Band 14
Hans-Georg Nollau, Uli Gottfried
**Entscheidungskompetenz durch Anwendung der Vektor-Nutzwertanalyse**
Lohmar – Köln 2009 • 268 S. • € 57,- (D) • ISBN 978-3-89936-761-4

Band 15
Hans-Georg Nollau und Matthias Neumeier
**Logistikfallstudien und Risikomanagement**
Lohmar – Köln 2010 • 248 S. • € 56,- (D) • ISBN 978-3-89936-903-8

JOSEF EUL VERLAG